HISTOIRE
GÉNÉRALE
DES PLANTES
ET HERBES,
AVEC LEURS PROPRIÉTÉS,

Par M. LÉONARD FUCUS,

Avec la Vertu du Petum ou Necotiana
vulgairement appelé Herbe à la Reine.

A LONS-LE-SAUNIER,
Chez GAUTHIER neveu, Impr.-Libr.

Avec Permission.

Le présent a été soumis à M. le Conseiller d'État Directeur général de l'Imprimerie et de la Librairie, qui en a permis l'impression le 28 novemb. 1810.

HISTOIRE
DES PLANTES,
AVEC
LEURS VERTUS ET PROPRIÉTÉS.

De l'Auronne ou Garderobe.

L'Auronne ou Garderobe, celui que nous appelons le mâle, est semenceux, et a les feuilles menues, et n'est pas si blanc que la femelle, ayant petite semence comme l'absinthe; il ne produit sa semence en tout tems, mais seulement en Septembre, auquel tems il se trouve plein de semences.

A 2

De l'Auronne femelle.

La femelle est arbrisseau de figure d'arbres, les feuilles blanches, trenchées et découpées autour des rameaux, ayant beaucoup de fleurs, et produisant au-dessus du sommet force brimbes comme petits raisins reluisans splendeur d'or, et si est odorant, avec grumités d'amertume. Le mâle croît par tous les Jardins et en autres lieux champêtres : ils fleurissent l'un et l'autre au mois d'Août, les faut cueillir en Septembre. L'Auronne est chaud et sec, et tient médiocrité entre les deux tempéramens.

Les vertus de l'Auronne.

L'Auronne échauffe fort, bien desséchée ; car en broyant les feuilles et les fleurs, le reste est inutile, et mettez sur un ulcère, vous le trouverez fort mordicant. Et si vous en trempez en huile, et après en frottez la tête ou le ventre, vous trouverez qu'il échauffe à merveille. Si ceux qui ont frisson par intervalles se frottent de ladite herbe avant que le frisson leur vienne, ils sentiront une chaleur incontinent qu'ils en toucheront. Quand à tuer les vers, il est aisé à voir qu'il est bon, à cause de l'amertume qu'il a; ladite herbe est singulière pour la destruction des cheveux et de la barbe, étant mêlée en huile qu'on dit Cicinum, qui se fait de la graine de Palma Christi, qu'on nomme Ricinum, ou avec l'huile de raifort; car elle provoque aussi la barbe venant tardivement avec une de ces huiles, ou bien aussi trempée en l'huile de Lentisque, car elle a vertu rare et appéritive, mais il est ennemi de l'estomac. Il est efficace contre les venins qui soudainement font trembler de froid, comme ceux des Scorpions et des Phalaques, qui sont une espèce d'araignée, et est aussi très-bon contre tout poison qui apporte rigueur ou froidure de quelque façon que ce soit, et pour tirer ce qui est infigé dans le corps. Il guérit les maladies qui sont ès intestins et boyaux. On dit qu'un rameau de ladite herbe mis sous le chevet du lit engendre envie d'habiter avec les femmes, et que c'est un souverain remède contre les enchanteurs et noueurs d'éguillettes. Ladite herbe bue avec vin, est antidote contre les poisons mortels. Elle chasse les serpens et rémédie aux inflammations des yeux, avec une pomme de coin cuite, ou mie de pain appliquée dessus. Mêlée avec farine d'orge et cuite, guérit les furoncles, et petites bossettes, selon Dioscoride.

Forme de la Guimauve.

La Guimauve se délecte aux lieux gras et humides; il faut cueillir ses racines vers le commencement de l'automne, c'est-à-dire, vers la fin d'août, ou au commencement de septembre, comme quasi de toutes les autres herbes; il faut cueillir les feuilles et la graine en été. Elle fleurit en juillet et août. Les feuilles et fleurs sont chaudes et sèches au premier degré, et la racine au commencement du 2.°

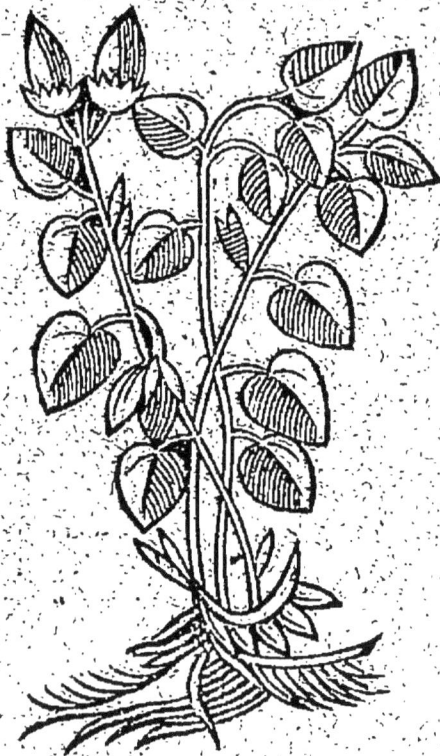

Les vertus.

La racine cuite en eau miellée, ou en vin ou bue seule, est très-bonne aux plaies et pour guérir les paralysies, c'est-à-dire, apostûmes qui viennent derrière les oreilles, et enflures qui viennent à la gorge et au col, inflammations des mamelles, contusions du siege, enflures et relâchement de nerf; car elle résout, mûrit ou rompt, et fait venir à cicatrice; étant cuite en vinaigre, appaise la douleur des dents si on s'en lave la bouche, la semence rompt les pierres et gravelles dans le corps; sa racine cuite en eau, arrête le flux du ventre; prise avec du vin blanc, guérit les écrouelles ou goyons; les feuilles sèches bouillies en lait sont bonnes pour promptement guérir la plus mauvaise toux du monde.

De la Saxifrage.

La Saxifrage est ainsi appelée, parce qu'elle rompt et jette les pierres hors du corps, elle est dite Rompt-pierre, pour autant qu'elle vient dans les roches; c'est une herbe branchue, qui a les joncs déliés, noirs et courts, les feuilles polies, par dedans, et par l'autre côté des pointes affichées sur le dos, sans fleur, ni graine, et la racine noire, de nulle utilité. Elle croît en abondance dans les vieux édifices, et parmi les liaisons des pierres : l'on en trouve principalement au mois de juin. On infère assez par les facultés et par son goût, auquel apparoît quelque manifeste affection, qu'elle est chaude et sèche.

La vertu.

La Saxifrage cuite, bue en vin, soulage les fé

bricitant, et médecine la difficulté d'uriner le sang.
Elle rompt les pierres de la vessie, et provoque
l'urine, selon Paul.

Des cheveux de Vénus.

CHeveu de Venus naiten lieux ombrageux, palustres, aux marais, et humides murailles, et près des fontaines; il est verd et en fleur en été, et ne meurtpoint en hiver. Il est tempéré en chaleur et frigité, mais il déseche.

La vertu.

La décoc-

tion de cette herbe : *Adjunctum*, buer aide et conforté les asthmatiques, ceux qui haleinent ou respirent en mal aise, ceux qui ont la jaunisse, ceux qui ont la ratelle, et qui ne peuvent uriner. Elle brise la pierre de la gravelle, resserre le ventre : l'on applique cette herbe crue en forme de cataplasme sur les morsures venimeuses; elle remplit les places vides de poils en la tête; elle abat les

brumes, elle consume avec lessive les lentes et
forsures, semblables à ceux qui viennent en la
tête, et guérit la teigne. Elle retient les cheveux
qui tombent réduite en oignement avec *Laudanum
susinum* ou *Minimum*, avec vin et hysope; la décoction d'icelle avec vin est abstersive.

Cette herbe, mêlée avec la viande des coqs et
des cailles, les enhardit et encourage à jouter
et combattre. Elle est bonne, profitable à planter
autour des prés, bergeries. Théophilecte fait deux
espèces d'*Adjunctum*, Dioscoride trois et non quatre.

De l'Asperge.

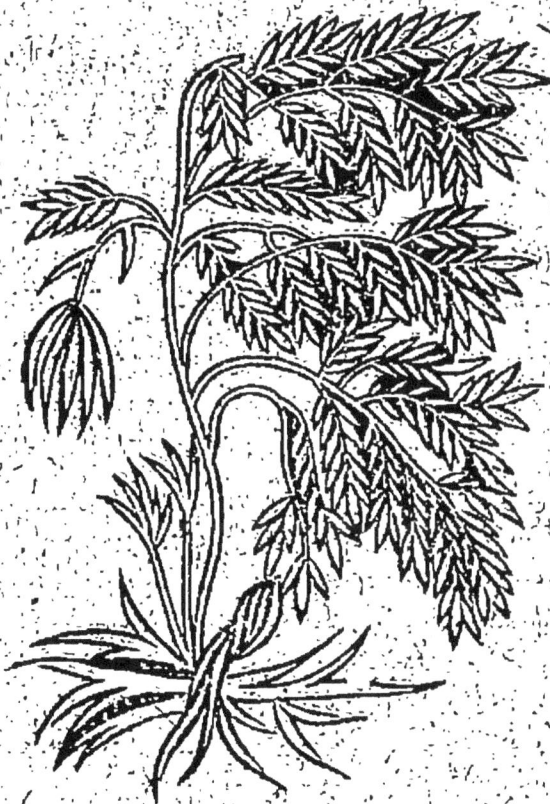

L'Asperge
a la vertu
abstersive,
l'est néan-
moins sans
manifester,
chaleur ou
froidure: on
la sème et
plante dans
les Jardins,
et vient aussi
d'elle-même
dans certains
lieux pier-
reux. Incon-
tinent au
printems la
petite tige
sortant hors
de terre, on
amasse son

épi pour mager, lequel pour sa bonne tendresse, plusieurs friands l'ont tourné en plaisir de gourmandise; aujourd'hui l'asperge cuite en potage, puis mise en huile, sel et vinaigre, est une grande viande et un des principaux mets des grands Seigneurs. On amasse sa graine en été.

Les petits clous de l'asperge, cuits et mangés, lâchent le ventre et provoquent l'urine, la décoction de la racine donne remède aux difficultés de l'urine, à la jaunisse, à la colique néfrétique, c'est-à-dire, la graveleuse, et aux gouttes sciatiques. Sa semence en breuvage est bonne à tous les susdits effets. On dit que les chiens meurent ayant bu de ladite décoction.

Du Suzeau ou Soyer qui sont deux espèces d'Hyèbles.

Il y a deux espèces de Seu ou Suzeau, l'un devient un arbre, lequel les apothicaires appellent simplement Sambucus, et les français du Suzeau ou Soyer, l'autre espèce nommée en Grec *Camaracli*, comme qui diroit bas Suzeau, parce qu'il n'est pas si grand que l'autre, et a nom en latin *Eculus*, et en français Hyèble.

La vertu.

Les Hyèbles croissent en lieux ombrageux et écarts, se trouvent auprès des eaux, mais l'hyèble croît en plusieurs champs, toutes les deux espèces ont la vertu d'échauffer et de sécher, ce que leur amertume montre assez.

De l'Hyèble Suzeau.

Il fleurit en juin ou juillet, l'un et l'autre en

Forme du Sureau ou Soyer.

même usage de dessécher, et de nuire à l'estomac les feuilles cuites, comme choux ou autres potages, purgent la colère et le flegme, les petits tendrons des tiges cuites en vin, mangées avec les viandes donnent secours aux hydropiques. En même sorte prise en breuvage, est bonne contre les morsures des vipères. Elle ramollit et ouvre les conduits de la matrice, et parfumée en orge, guérit les vices et maux qui sont à l'entour de ladite matrice. Son fruit pris en breuvage avec vin, est bon en même effet d'icelui, les cheveux oints ou frottés deviennent noirs. De ses feuilles fraîches et tendres, avec farine d'orge oignant les inflammations, les mitigent. L'on en guérit aussi les balustres et morsures des chiens enragés. Il remédie semblablement aux goutteux et

A 6

podagres, les oignant d'icelui avec suif de bœuf ou de bouc, de la décoction des feuilles arrosant la maison, y fait mourir les mouches. Il vient certaines pustules rouges par tout le corps, maladie dite vulgairement la rougeole, qui est guérie en se baignant le corps des rameaux de ladite herbe. La fumée de l'Hyeble chasse les serpens. Les tendrons et feuilles pilées, prises avec du vin, tirent hors la gravelle, guérissent les testicules étant appliquées dessus.

Des Pois chiches.

POis chiches sont dit en Latin *Cicer*, il y en a trois, blancs, roux, noirs et sont différens, principalement en fleur, car celui que tu vois est noir les produits rouges, et les blancs, blanches. Le pois chiche cultivé fait bon ventre, il fait uriner, il enfle, il embellit la couleur de cuir, provoque les fleurs menstruales, et fait sortir le fruit de la matrice; il augmente le lait. On l'applique aux in-

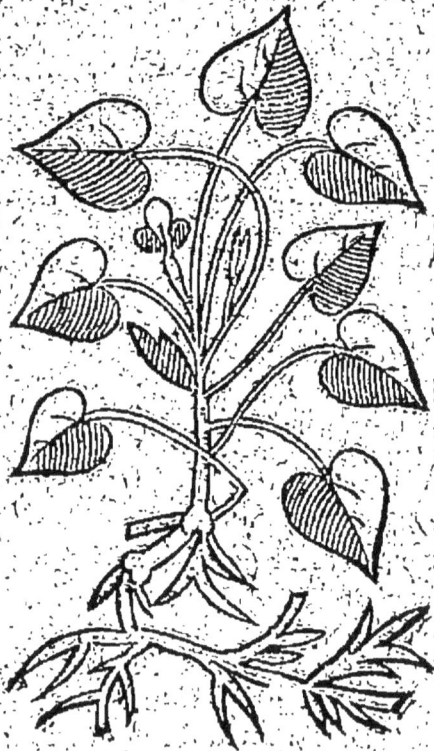

flammations des génitoires mirmerie, et poireaux de larges assiettes; cuit avec orge et miel, on l'applique aux gratelles et rognes impétigines et ulcères endurcis.

Il y a une autre sorte de pois chiches, dit *Circer ariotinum*, c'est-à-dire, pois chiches de Bélier, l'un et l'autre provoquent l'urine, et leur purée, avec du romarin, est bonne contre la jaunisse et hydropysie; mais blesse les reins, altère la vessie.

Il y en a qui, contre les poireaux de larges assiettes, verrues dit acrochordennes, ordonnent de toucher au renouvellement de la lune, les têtes d'autant de poireaux qu'il y aura, d'autant de pois chiches, puis les ramasser et envelopper en un linge, et jetter derrière soi, lesdits poireaux tombent.

Du Choux.

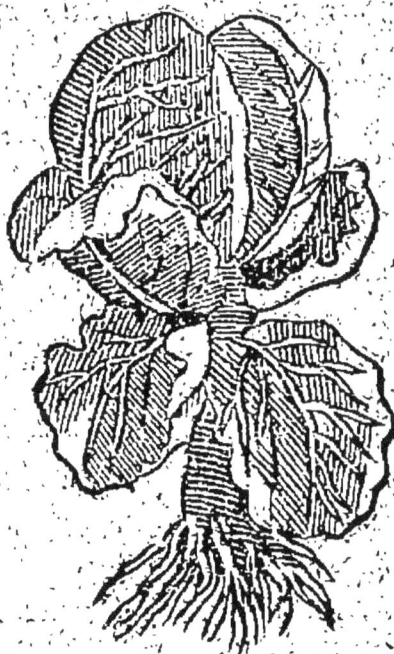

LE Chou engendre mauvais suc et mélancolie, il hébète la vue, empêche de dormir par songes et rêveries; son jus entre-mêlé purge aucunement, mais de la substance du chou resserre, pource que là où nous voulons dessécher le ventre par trop humide, nous faisons un peu bouillir les choux, puis jetons la première eau, après les remettons incontinent en une autre toute bouillante; car le chou qu'on veut deux fois cuire ne doit toucher eau froide. Le chou d'été est de plus mauvais suc que celui d'hiver. Il provoque toutefois l'urine, tue les vers, aide à ceux qui sont malades pour s'être enivrés. On dit qu'il guérit des étourdissemens de tête et d'éblouissemens de vue, qui sont cause d'humidité.

La vertu.

Le chou cuit avec chair bien grasse perd beaucoup de sa malice. La fleur par certaines propriétés occultes, corrompt la semence générative. Il blesse le poulmon, et on dit qu'étant pris devant toute autre viande, il empêche que l'on ne s'enivre, et pour son jus pris avec miel, aide merveilleusement à ceux qui perdent la voix, il conglutine les plaies étant appliqué dessus, et guérit les ulcères malins et inflammations endurcis.

Du pied de veau, ou autrement nommé Aaron.

Aaron est une herbe qui vient ès bois et lieux ombrageux, froids et humides ; les feuilles d'Aaron sortent incontinent au mois de mai, entre les herbes du printems et se perd en juin, tellement que pour cette cause à grande peine trouve-t-on cette herbe ; la graine se trouve au mois de juillet. En août, premièrement est verte, puis elle devient jaune doré.

Les vertus selon Dioscoride.

La racine, la semence et les feuilles d'Aaron, ont les mêmes vertus que la serpentine : sa racine

Forme du pied de veau.

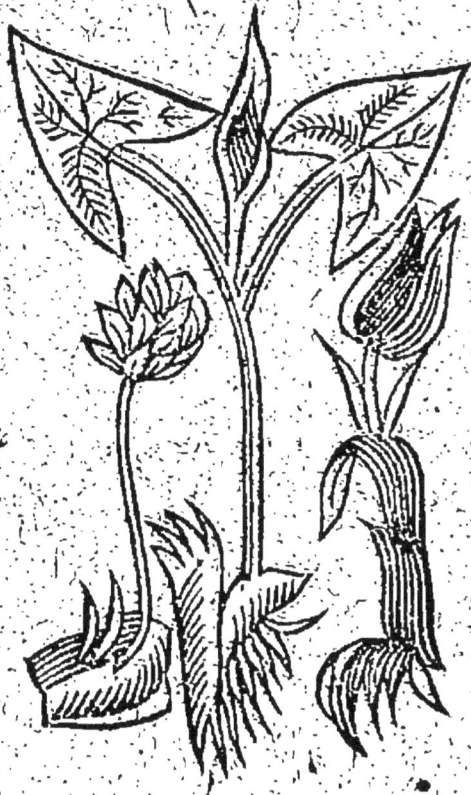

particulièrement mêlée avec fiente de bœuf est profitable à oindre les gouttes podagres. On la garde comme la serpentine, et est totalement bonne à manger à cause de son acrimonie, plus douce et moins poignante.

La racine d'Aaron se mange comme celle d'un navet. Quand tu voudras bien l'apprêter, il faut jeter et répandre l'eau de la première décoction, soudainement la rejeter dans une autre eau bouillante comme il est dit des choux et lentilles. Aussi bien avec l'oximel est bon pour l'estomac, avec du lait de brebis pour les entrailles blessées ou écorchées, les autres les cuisent dans du lait, en boivent la décoction, ils en appliquent aux yeux pleurans ou épharés, aux corps meurtris et aux glandes des émonctoires. Ils en distilent avec l'huile sur les hémorrhoïdes et en oignent les lentilles ou petites taches rousses qui viennent sur le corps, avec miel. Il tire hors les fruits de tous les animaux, la nature en étant ointe autour. Le jus de sa racine avec miel attire et chasse les éblouissemens des yeux et les vices de l'estomac. La decoction avec miel, guérit fort bien la toux.

De l'Espargoutte.

L'Espargout-te est une herbe qui croît aux jardins és lieux secs et pierreux, se cueille quand le raisin se mûrit, alors elle abonde en fleurs. Elle échauffe et desseche moyennement elle est chaude au second degré; et quant à la siccité elle est entre le premier et le second.

Selon Dioscoride, il y a trois espèces d'Armoise, dont la seconde est appelée en français Mange-feuille, qu'aujourd'hui on nomme Matelicantia ou Espargoutte, parce qu'elle remédie à la matrice.

De l'Ortie commune.

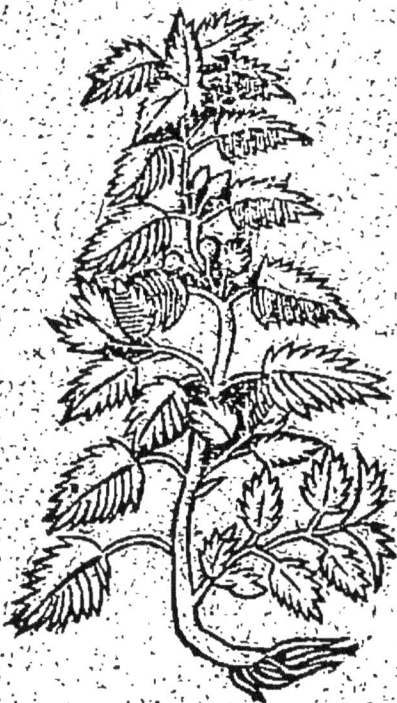

Dioscoride fait deux espèces d'Orties, l'une âpre qu'aujourd'hui on appelle Ortie grecque ou romaine, l'autre qui vient ès haies, buissons et par-tout. L'ortie romaine a la tige ronde, âpre et rude, les feuilles aussi plus sauvages, plus âpres, plus larges et plus noires. La semence semblable au lin, comme boulettes amassées, mais moindres, plus menue que celle du lin; l'autre, semblable à la première, sinon qu'elle n'est pas si âpre, et la semence plus mince; elle se doit cueillir au tems de la moisson. L'ortie est subtile et pénétrante partie, de sèche température. Le jus empreint et appliqué sur le front, arrête le sang qui flue du nez. En breuvage il fait uriner, brise la pierre de gravelle. Les bêtes femelles à quatre pieds ne voulant recevoir le mâle pour concevoir montrent qu'il n'en faut frotter que la nature. Elle remédie aux morsure de chiens, étant broyée et appliquée avec un peu de sel. Sa racine broyée et mise dedans le nez, étanche le flux de sang.

Elle guérit avec du sel les ulcères chancreux et boueux. Elle fait vomir tout à l'aise, prise après souper en eau mêlée, la quantité de deux oboles, mais si on en boit qu'une obole de vin, elle ôte les lassitudes. Elle empêche les enflures de l'estomac, bue avec du vin cuit. Elle est bonne pour appaiser les douleurs de côtés mises en cataplasme avec graine de lin, quelque peu d'hysope et de poivre.

Elle amollit le ventre dur, étant rôtie, prise avec la viande. Hypocrate dit qu'elle purge l'amarri, étant prise en breuvage enlève toute douleur, prise en breuvage avec du vin doux, la mesure d'un à cérabulé, c'est-à-dire, dix-huit dragmes, et par dehors appliquée avec du jus de mauve. Elle réunit honnêtement le poil des places pelées appliquée dessus. Etant confite avec graisse de porc est profitable ès mules des talons. Elle remet les amaris chûtes, le fondement de petits enfans. L'ortie griesche frottée sur les cuisses et jarrêts, plutôt sur le front de ceux qui sont en léthargie, les réveille et fait revenir à eux.

Selon Pline, la semence bue en vin cuit, éguillonne l'appétit charnel. Elle guérit toutes bossettes, pustules et enflures qui viennent derrière les oreilles, des ulcères engreveux et chancreux, sauf tous ceux qui veulent être sans modification, desséche, elle guérit bien promptement, selon Galien.

Nous appelons l'ortie romaine, ortie mâle, ayant semence amassée eu petits boulets, telle que le lin, mais elle est plus petite. La plus grande croît ès haies des clos et jardins, icelle nons l'appelons ortie griesche.

De la Couleuvrée blanche.

Qu'aucuns nomment Feu ardent, d'autres Coulevrée sauvage, ou folle Vigne ou Vignette, elle
se grimpe et attache aux buissons prochains, les
empoignant avec ses cornichons; elle a le fruit
tel qu'un raisin et est rouge, duquel on appelle
ses ouies. Sa racine est blanche, grosse et grande.

LA Cou-
levrée blan-
che fleurit
le long de
l'été; jus-
ques bien
avant en au-
tomne, au-
quel elle
produit son
fruit, lequel
est premie-
rement vert
vert, et après
qu'il murit
il commen-
ce à devenir
roux, ses
premiers
tendons ont
obstriction
aucunemen
amer, moyennant aigre. Sa racine desseche et echauffe.

Ses vertus selon Dioscoride et Pline.

Les premiers tendrons de la Couleuvrée blanche
bouillis en eau, et mangés en salade, provoquent

l'urine et amollient le ventre. Les feuilles, le fruit, la racine mis en onguent avec du sel, sont très-bons à appliquer sur les ulcères, charognes mortifiées ambulatifs, rongeant et pourrissant les jambes ; elle a une vertu singulière, qu'elle retire les os rompus, bien appliquée et pilée avec de l'eau comme Brinonnie : parquoi aucuns l'appelent blanche. Le jus de la racine se doit tirer premier que la semence soit mûre, duquel si seulement on oint et frotte, ou bien avec poudre d'orobance, il embellit le corps de teint plaisant et vermeillet, et attendrit la chair. Elle corrige les vices de la face, poireaux, pustulles, durillons, saphirs, lentilles, cicatrices noires, avec farine d'orobance, terre de l'isle de Chious et fougère. Ceux qui sont vexés du haut-mal, qu'ils en boivent la quantité d'une dragme tous les jours, un an entier. Elle tire le fruit de la matrice, elle trouble aucune fois l'esprit, elle fait uriner prise en breuvage. Elle tire le fruit et l'arrière-fait, appliquée sur la matrice, et consomme les duretés de la ratelle, prise à la quantité de trois oboles, avec vinaigre, par l'espace de trente jours ; son fruit est bon contre les rognes, gratelles, mal de sain-main, les malades étant oints. Le jus de ce fruit bu avec la décoction de froment, fait venir beaucoup de lait aux femmes.

Elle purge le flegme bue en eau mêlée, le poids d'une dragme. L'on froisse et broye la racine avec figues grasses, laquelle ôte les rides du corps sitôt après qu'il en est frotté, il faut cheminer deux stades, c'est-à-dire, deux cent cinquante pas ; car autrement il brûle soudain s'il n'est lavé d'eau froide : nous l'appelons Brionie coulevrée, parce que les couleuvres aiment d'héberger à l'ombre

d'icelle, les autres appelent feu ardent, de la
vertu caustique de ses bayes rouges.

De la Coulevrée noire ou Viorine, qui est
dite Vigne noire, parce qu'elle a la racine
noire et semblable à la Vigne.

CEtte herbe
a les feuilles
semblables au
Lierre, mais
de plus près
approchantes à
celle de Milaux,
qui est Phaseol-
le à laquelle
aussi elle a les
tiges de même
quoique ses
feuilles soient
plus tendres.
Elle embrasse
les plus tendres
cornichons des
arbres voisins
ainsi que l'autre
Coulevrée. Sa
semence est en-
tassée comme
une grappe de raisin, verdoyante au commencement et noire quand elle est mûre. Sa racine est
noire par dehors, et par-dedans de couleur de feu.
Les fleurs blanches et d'une odeur suave, lesquelles

fanées et tombées viennent tantôt après la semence
comme plus revêtue, ou ayant figure et semblance
d'une herbe chenue.

Elle vient ès haies et buissons, elle fleurit au
mois de juillet et en août porte semence. Elle a
même tempéramment, et sa couleur est blanche.

La vertu, selon Discoride, Pline et Galien.

Les tiges de la Couleuvrée noire, qui premièrement germent et bourgeonnent, se mangent comme les autres herbes à potage, et ce pour provoquer l'urine et les fleurs menstruales. La racine fait
les mêmes choses que celles de la couleuvrée blanche; mais elle est moins efficace, les feuilles avec
vin appliquées en forme de cataplasme sont très-
bonnes aux ulcères qui viennent aux chevaux et
autres bêtes portant fardeau. Joint qu'on les applique en même forme sur les membres démis et
dénoués. Sa racine est plus vertueuse à tirer les os
rompus que celle de la blanche.

L'on dit que si on la plante et l'on en fait treille
en une métairie, les éperviers et oiseaux de proie
n'en approcheront; et ainsi seront les volailles et
autres oiseaux domestiques en sûreté. Icelle liée
à l'entour des talons des hommes et des chevaux,
guérit les flegmes, et étauchent le sang qu'ils
jettent par la bouche.

Le Fenouil et ses vertus.

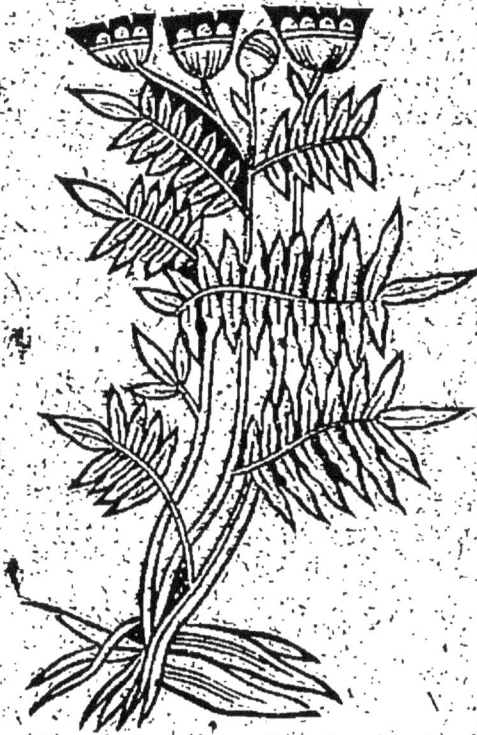

LE Fenouil est connu de tous, étant semé, il vient par tous les jardins, quelquefois aussi il vient de soi-même. On le cueille quand la tige s'engrossit. Il fleurit au mois de juin et juillet, et échauffe si fort qu'on peut le mettre au rang de ceuxqui échaufent au tiers degré ; il dessèche, mais non pas tant, pourtant le peut-on mettre au premier degré seulement.

Le jus mis et distillé dans les oreilles, tue les vers qui y sont, il ressere l'estomac, dénoue et lâche. Il ôte l'envie de vomir, pilée en eau, si on en prend peu ; il resserre le ventre buvant de sa décoction ; il remplit les mamelles de lait. La racine bue avec tisane, purge les reins, lesdites feuilles poussent la pierre hors de la vessie. Le fenouil pris par-dedans en quelque manière que ce soit, fait venir grande abondance de semence générative ;

il est plaisant et aimable aux parties honteuses, soit qu'on les veuille étuver de la racine cuite en vin, ou les frotter d'icelle pilée en huile.

Plusieurs le mettent sur humeur et meurtrissures, avec cire, ils usent pareillement de ladite racine avec jus de miel, contre la morsure des chiens. Les Serpens ont mis en honneur le fenouil, se dépouillant de leur vieille peau de son goûter, et se refaisant la vue offusquée, et la rend tres-aigue, qui a fait connoître que c'est un singulier remède pour les yeux. Le fenouil échauffe au troisième degré, et dessèche, au premier, selon Pline.

Du Serpolet.

LE Serpolet cultivé n'est pas beaucoup différent à l'origan, particulièrement, quant aux feuilles et tinseaux qu'il a seulement plus blanc, mais quant à l'odeur, il représente du tout la marjolaine. Il se traine par terre et ne se dresse point droit, mais au contraire le Ser-

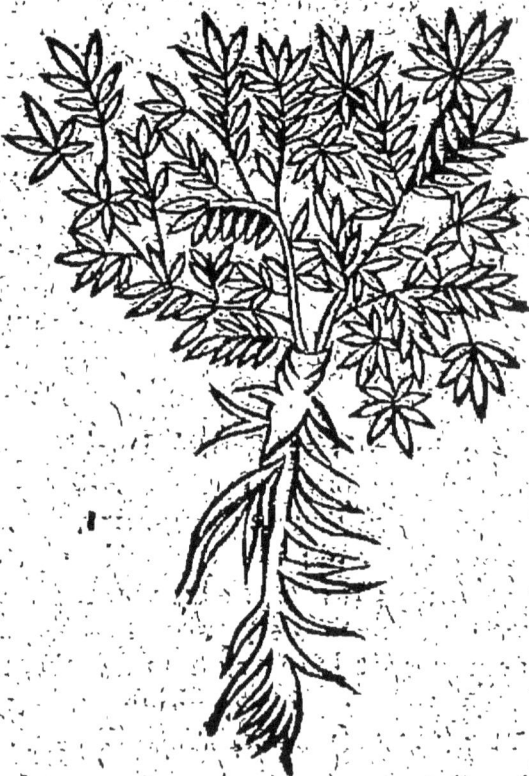

polet sauvage ne se traîne point, ainsi se dresse
droit avec ses branches qui sont fort grosses, dures
comme bois, chargées de feuilles, mais elles sont
un peu étroites. Il porte fleurons violets du commencement après avec goût de bonne et plaisante
odeur, la racine fendue et départie en plusieurs
piéces. Il aime terre sèche et fort maigre, et dé-
couverte à l'abri.

Le sauvage vient entre les pierres ès montagnes,
terre et descentes, en sorte qu'il semble presque
qu'elles en soient toute revêtues, et fleurit icelui
tout le long de l'été, le cultiver au mois de juin
et juillet; le Serpolet est âcre au goût et il est
très-chaud, tant qu'il provoque les urines et fleurs
menstruales, le jus d'icelui pris à la quantité de
quatre dragmes, avec vinaigre; appaise les vomis-
semens de sang: si on en boit la décoction, il allège les tranchées du ventre, contusion, rompures
et inflammations de foie.

Il très-bon contre bêtes venimeuses qui se
traînent; e pris en breuvage ou appliqué par dehors, il appaise la douleur de tête, bien cuît avec
de l'huile rosat et détrempé en fort vinaigre, mais
principalement il convient au mal qui assoupit
et étourdit le patient, qui s'appelle léthargie. Le
sauvage est plus efficace pour la médecine que le
cultivé, parce qu'il a plus grand suc et vertu,
dessèche pour ceux qui ont été travaillé de longue
frénésie, détrempé en vinaigre et assoupit, puis
cuit avec sucre rosat.

Quand on le brûle, il chasse de son odeur tous
serpens et animaux vénimeux, et pour cela mêle-
t-on en la viande des moissonneurs à ce que pour
aventure quand ils sont las, le sommeil les sur-

B

prend, ils puissent sûrement reposer, et qu'icelles
bêtes qui jettent leur venin ne leur fassent mal.
Cette herbe est chaude et fort aigue, selon Dios-
corde.

De la Mélice et de ses vertus.

LEs feuilles et peti-
tes tiges de la vraie
Mélice, sont sembla-
bles au Marraulin
noir, plusgrandetoute-
fois, et sont menues;
mais elles ne sont
pas si bonnes et plus
odeur de citron. Les
Officines usent au-
jourd'hui d'une herbe
qui sent les punaises,
au lieu de Mélice,
c'est abus; car vu
que son odeur est
puante, il n'est par
vraisemblable que
les mouches à miel
y prennent plaisir,
au contraire, elles
s'éjouissent fort en
la Mélice, pour ce
que son odeur est tant agréable et plaisante,
qu'étant semée au travers de la maison, la remplit
d'une douce et suave odeur; la vraie Mélice croit
ès forêts, s'anéantit à quelques stades ès jardins,
il la faut cueillir au mois de juin, auquel temps
elle est pleine de pleurs. Elle est estimée chaude

au second degré, elle ne dessèche pas tant; mais on la pourra mettre sèche au premier degré seulement. Si on frotte les ruches des mouches à miel de la vraie Mélice, les mouches ne s'enfuierontpoint, car il n'y a fleur en quoi elles ne se réjouissent plus. Elle retient aisément les nouvelles mouches, s'il y en a quantité auprès desdites ruches, et si est un bon remède contre les piqûres desdites mouches, et contre piqûres de guêpes, souris, araignées et scorpions. La décoction d'icelle appaise la douleur des dents, si on les lave. L'on en fait clystères profitables aux dissenteries. Les feuilles bues en vin, donnent allégeance aux srangulations et suffocations, qui viennent d'avoir mangé des champignons; et si donnent allégeances aux tranchées. C'est une chose singulière de frotter les yeux de jus de Mélice avec miel, aussi contre les éblouissemens et tremblemens de vue, selon Pline et Galien.

La Chassebosse ou Cornéole, qu'aucuns appèlent Lysimachus ou Litron.

LA Chassebosse ou Cornéole rouge, produit les tiges hautes d'une coudée ou plus grosses et branchues, des nœuds desquels sortent feuilles grosses, semblables à celles des saules, estraignantes en haut. Elle naît en lieux marécageux principalement là où croissent les feux, fleurit au mois de juin et de juillet, la fleur est rouge. Pline et aussi Dioscoride en écrivent une autre espèce, qui a la fleur rouge tirant sur la couleur d'or. La jaune après que les fleurs sont tombées, porte graine semblable à la coriande, laquelle a vertu astringeante ni plus

Forme de la Chassebosse ou Cornéole.

ni moins que les feuilles. Dioscoride dit que le jus de ses feuilles abstreint la nature et profite tant en breuvage que clistère, crachement de sang, dissenteries, et icelui ainsi mis ès lieux secrets des femmes, arrête leur flux.

Contre le flux de sang pareillement, en mettant un peu de ladite dans l'herbe le

nez. Elle sert aux plaies et resserre le sang. La fumée d'icelle est fort âcre, chasse les serpens et tue les mouches.

Sa vertu est si grande, que si on la met aux colliers des chevaux s'entrebattant, elle les appaisera. Etant sèche, pilée et mise en poudre, est très-efficace contre les plaies et écorchures qui viennent par les souliers qui sont mal-aisés.

De la Vigne cultivée, avec les vertus d'icelle.

POur la douleur de tête, prends les feuilles de vigne avec les tendrons, et qu'ils soyent broyés et emplâtrés dessus cela; elle mitige les douleurs avec des griottes sèches appliquées dessus l'estomac. Elle ôte les inflammations et les ardeurs d'icelui; à quoi aident pareillement les[?]uilles[?]cules chaudes ou froides ou obstructives. Les tendrons de la vigne mis en infusion dans l'eau sont fort bons à l'estomac débile, et l'appétit corrompu des femmes enceintes. La liqueur des vigne qui se trouve épaisse en manière de gomme dans le tronc, étant bue avec du vin, chasse les pierres hors du corps. Le même emplâtre dessus le feu du visage, le mal saint-main, et la lepre; mais il est besoin de frotter premièrement avec sel de nitre. Elle appaise les inflammations du génitoires appliquée dessus avec farine de fèves et cumin. Tous raisins ont de commun qu'ils appellent l'appétit, et provoquent l'homme aux desirs de compagnie charnelle. Les poules deviennent stériles si elles mangent du marc de raisin. Les pepins du

raisin pilés avec sel, emplâtrés sur les inflammations des mamelles et duretés causées par la trop
grande abondance de lait, les guérit. Le raisin séché
au soleil et broyé sans épine avec rhue, guérit les
ulcères, dont en sort une liqueur comme miel.

Aussi aux petits entracts et ulcères corroisfs des
jointures, pareillement aux gangrênes les guérit,
mise sur les ongles mobiles les fait tomber en peu
de temps; l'écorce de la vigne, les feuilles sé-
chés restreignent le sang des plaies et les guérissent, et la cendre de sarment purge et guérit
fistules en bref temps, et adoucit la douleur des
nerfs, remet à point ceux qui sont contraints; avec
huile, guérit morsures de chiens et de scorpions;
la cendre de l'écorce restitue les cheveux perdus,
et les multiplie, selon Dioscoride.

De la Nielle qui croît au froment.

LA poudre mise avec miel, et donnée à manger, chasse les vers du ventre; puis on en fait un
emplâtre d'icelle avec jus d'aluine, puis on le
met à l'entour du nombril.

La Flamme ou Iris avec ses vertus.

CEtte herbe a pris son nom de la semblance qu'il
a de l'arc-en-ciel. Elle produit les feuilles semblables au glayeul, mais plus grandes, plus larges et
plus épaisses, et fait les fleurs à la sommité des
tiges, séparées de pareil intervale l'une de l'autre,
rempliées, changeantes, et par cela elles sont
mêlées de blanc, de verd, de jaune et de pourpre.
Elle a les racines noueuses, fermes et odoriférantes,
lesquelles après les avoir taillées en pièces, con-
finées dans un petit filet, on les sèche, et on les

Forme de la Flamme ou Iris.

gardera à l'ombre. La bonne, a la racine massive, courte, dure, rougeâtre odoriférante, mordante au goût, qui fait éternuer quand on la pile. Toutes les flammes sont de nature chaude et seche et sont utiles à tous; prenez les poids de sept dragmes avec eau mêlée de jus, elles purgent les grosses humeurs de la poitrine, qui ne se crachent qu'avec peine.

Elles provoquent le sommeil, provoquent les larmes, et portent médecine aux tranchées et passions douloureuses du corps.

Si on les boit avec du vinaigre, elles donnent secours aux morsures des bêtes venimeuses, et aident à ceux qui sont travaillés de la ratte, ensemble ceux qui sont tourmentés des pâmoisons, et à froidure et tremblement qui surviennent sur le commencement des fièvres. Elles sont pareillement utiles et profitables aux fleurs de la semence génitale. Aussi les flammes étant bues avec vin provoquent le flux menstruale, la décoction des flammes s'applique sur la nature des femmes pour amollir les parties endurcies en icelle, et parce même ouvrir les opilations. L'on en fait des clystères aux sciatiques, et l'on en met dans les fistules et ulcères caverneux pour les incarnes. Les racines mises en forme de suppositoire dans la nature de la femme, provoquent le fruit, étant cuites ou fait emplâtre, mollifient les écrouelles et dures apostumes. Quand elles sont sèches remplissent la concavité des ulcères, les modifient oignés avec miel. Elles recouvrent de chair les os qui en sont découverts. Incorporée avec l'huile rosat et vinaigre, et emplâtres sur la tête, guérit la douleur d'icelle mêlée avec élébore blanc et deux parties de miel, nétoye les lentilles et toutes macules du vasage causées par le moyen du soleil. On la met dedans les emplâtres remolitifs et dans les médicamens qui se font pour la lassitude. En général elles servent grandement à toutes choses. Aussi étant mâchée, ôte la puanteur de l'haleine en lavant la bouche de sa décoction, allège les dents gangrenées, résout apostume du gosier, et si provoque les hemorroïdes. La racine bue en vinaigre a pouvoir contre tous vents, les suscite par le nez, et tire vertueusement les flegmes du cerveau. Il nuit à l'estomac, et par ainsi on a accoutumé de le donner avec de la pinna et eau miellée. La flamme subtile qui n'a point de suc médecinal, celles qui sont ridées et maigres, sont utiles pour faire aller en selle. Prends un œuf de poule et au millieu de l'aubun épendu, mets-y suc de racine de glaïeul, mêlant bien avec le moyen, et lequel œuf un peu échauffé aux cendres fais humer le matin, il fera vider par derrière grande quantité d'eau intercure.

Des Penasites ou Brebis des teigneux, qui vient en grande abondance ès prés humides, et situés près des ruisseaux.

CEtte herbe produit ses fleurs sur le commencement du mois de mars, mais dès le premier jour d'avril elles tombent sans aucun fruit. La racine de cette herbe est profitable contre les fièvres pestilentielles, pource qu'il fait sort suer, prise et réduite en poudre avec vin. Et n'est de moindre efficace, bue par les femmes contre les tranchées et suffocations de matrice. Elle est aussi utile pour tuer les vers et contre la difficulté de respirer. Elle fait uriner et émue le sang des femmes. Elle est très-bonne contre les ulcères pas trop maîtres, et pour ôter toutes les taches du cuir, selon Pline.

Du Genet, herbe connue de tous, avec les vertus d'icelui.

LE Genet aime la terre sèche, et est comme le long de la terre. Il fleurit environ ès Ides de juin, et puis après il produit des gousses, il est chaud et sec. La graine et fleur du Genet bue en eau, mêlées au poids de cinq oboles, purgent par le haut en grande abondance et sans danger, de même que fait l'élébore; la graine purge par le bas. Qui plus est, si l'on détrempe ses verges dans l'eau et puis qu'on les broye, et que l'on tire du suc, aide à ceux qui sont travaillés de la goutte sciatique et de l'esquinancie, s'ils en boivent à jeûn la mesure d'une agathe. Le Genet nuit à l'estomac et au cœur; mais on le corrige en le mêlant avec miel rosat, particulièrement avec roses, anis et graine de fenouil, selon Dioscoride.

De la Berne.

LA Berne croît ès ruiseaux, et est un arbrisseau petit et gros, à larges feuilles et froissée avec les doigts, aspire une suave odeur; elle a les fleurs asurées retirant sur celle d'annagalis, et la femelle est grosse de fleurs au mois de juin. Les feuilles de la Berle cuites ou mangées crues, mettent la pierre en pièces, et la font jeter par l'urine, elles provoquent à uriner, elles attirent le fruit hors du ventre de la mère, appliquées en forme de liniment : elles modifient le cuir des lentilles et les défauts que les femmes ont au visage, et appliquées de nuit, en peu d'heures, elles modifient le cuir, et adoucissent les herbes et la rogne des chenevières.

De la chicorée cultivée, avec les vertus d'icelle.

LA chicorée cultivée ne vient qu'aux jardins, par le labeur des hommes, toutefois quand elle est semée, elle n'est pas difficile à sortir.

La chicorée rustique naît en tous lieux près des chemins; la cultivée, fleurit au mois de juin et de juillet. Toutes les chicorées estraignent et réfrigèrent, aident à l'estomac, et cuites elles serrent le ventre, si on les prend avec du vinaigre, mais les sauvages sont meilleures à l'estomac.

Mangées, elles adoucissent l'estomac délicat et brûlé, on en applique avec utilité à ceux qui sont sujets à défaillance et mal de cœur; l'herbe et la racine frottées aident à ceux qui sont ferus de scorpions; elle médecine le malade de saint Antoine avec griotte, bue avec vin mêlé, guérit pareille-

Forme de la Chicorée.

ment de la jaunisse, pourvu que le patient soit sans fièvre, appaise l'ardeur du sang, et résout les inflammations du foie. Et est profitable à ceux qui perdent la semence de génération, buvant leur jus de deux jours l'un. Elle provoque médiocrement le sommeil, et si éteint le desir du jeu d'amour, diminue la semence génitale en ceux qui sont de froide température, la graine aide aux fièvres engendrées de celle de la jaunisse, mais elle nuit à la ratte.

De l'Alluine, herbe nommée en français Absinthe, forte : Alluiné ou Alliot comme rien moins aimée que l'Alliot, de pour sa grande amertume, empêchant allégresse et joycuseté.

L'Absinthe est commune et vulgaire, est une herbe ayant la tige fameuse et branchue, les feuilles blanches et chenues en diverses sortes décou-

Forme de la l'Alluine.

pées, la fleur
de couleur d'or
la semence ron-
de, s'entrete-
nant presque
en mode de
raisins.

Vous la trou-
verez en des
lieux cultivés,
fertiles, mon-
tueux et pier-
reux. l'absinthe
échauffe, res-
traint et purge
la colère qui se
trouve en l'es-
tomac et au
ventre. Elle
provoque l'uri-
ne, elle préser-
ve de l'ivrogue-
rie, étant prise devant toute autre viande ; elle
profite contre les enflures, douleurs de ventre et
d'estomac, étant bue avec celleri et nard gallique,
elle chasse les dégoûts des viandes et fait revenir
l'appétit. Elle guérit aussi la jaunisse en prenant
tous les jours trois fois de sa décoction, trois doigts
à chaque fois.

Étant prise avec du miel, ou appliquée par dehors
sur le ventre, provoque le flux des femmes. Aussi
étant bue avec vin, est grandement profitable contre
les

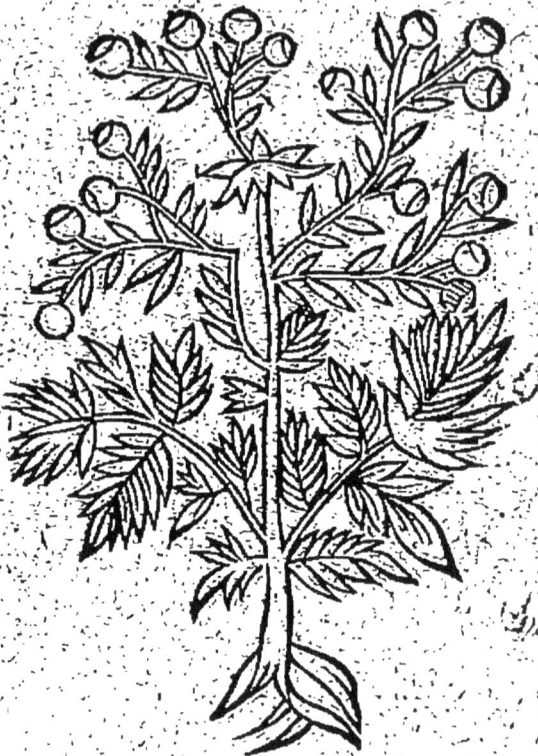

les vénimeuses herbes. Gamluum et Ciguë. On
en fait aussi onguent avec miel et nitre, qui est
une espèce de sel pour esquinancie; guérit et ôte
la mitigie et enflure des yeux larmoyans, ôte la
carlignote de la vue avec miel. Il est aussi bon pour
oindre les oreilles qui jettent fange et ordure. Le
parfum de ladite herbe appaise les douleurs des
dents et des oreilles. Ladite absinthe étant bouillie
en vin cuit, est profitable à bassiner les yeux malades, on en pile aussi avec un onguent nommé Co-
ranum Ciprinum, pour la douleur des entrailles
et du foie, et pour la longue douleur d'estomac;
vaut aussi à l'estomac ladite herbe pilée avec l'huile
rosat. Laquelle herbe mise dedans les coffres, con-
tre-garde les habillemens des autres teignes et autres bêtes. L'huile de ladite herbe chasse les mouches des choses quand elles sont graissées. L'eau
en laquelle cette herbe a trempé mise en l'encre
à écrire, garde les livres d'être rongés des rats et
des souris; convient que le suc de ladite herbe ait
toutes lesdites vertus, il n'est pas bon en breuvage,
car il nuit à l'estomac et engendre le mal de tête.
Il nettoye aisément la poitrine pris avec du nago-
let ou glayeul. En la maladie de jaunisse on le boit
cru avec ache ou percil, ou bien Capilli veneris;
contre les enflures, on le prend chaud avec l'eau.
Et pour le foie on en prend avec nard gallique. Et
pour la ratelle avec vinaigre ou bouillie, viande
de quoi les antiques usoient, faite d'eau et de
farine ensemble, ou avec des figues; il est bon
aux yeux noircis de blessures. Avec miel il dessèche aussi les démangeaisons, on n'en doit pas donner en fièvre; elle garde le vomissement et mal de
cœur sur la mer. L'ardeur d'icelui provoque le

C

sommeil secrettement sur le chevet de quelqu'un
sans qu'il le sache. La cendre d'absinthe noircit les
cheveux, mêlée avec onguent et huile rosat. Selon
Galien, il est chaud au premier degré et sec tiers;
son suc est beaucoup plus chaud que l'herbe.

De l'Orme et des vertus d'icelui.

L'Ecorce, feuilles et branches de l'Orme ont
une vertu constructive, les feuilles broyées et appliquées avec du vinaigre portent médecine à la
maladie de sain-main, et consoignent les plaies,
ce que plutôt fait la plus subtile partie de l'écorce
intérieure, en la liant et entortillant autour du
lieu en forme d'une bande; parce qu'elle se plie
aussi aisément que fait le cuir. La plus grande
partie de l'écorce bue au poids d'une once, avec
du vin ou eau froide purge le flegme, la décoction
des feuilles, et pareillement de l'écorce de sa racine appliquée en manière de fomentations, fait
aussitôt consolider les os rompus. L'humeur, qui a
la production des premières feuilles, se trouve dedans les vessies, fait la peau belle et la face res-
plendissante; mais quand elle vient à dessécher,
elles se convertit en certaines petites bételettes
semblables à des moucherons. Aucuns cuisent les
feuilles pour viandes comme l'on fait des autres
herbes de jardins. La liqueur qui s'engendre dans
les verrues de l'orme, est un très-valeureux remède
aux rompures de boyaux des petits enfans, appliquée avec une pièce de lin, et mise dedans un
brayer qui la tienne bien ferme dessus la rompure.

Du grand Plantin et des vertus d'icelui.

IL y a deux espèces de plantins, à savoir le grand et le petit, le grand est formé ayant sept nerfs, et le moindre en a cinq, et est appelé communément, Lancevia, ou Aucelé, à cause que le bout de la feuille s'éguise comme le fer d'une lance.

Le Plantin est de température mêlée, car il a quelque aquosité froide, et a quelque peu d'austère qui est terreux, sec et froid, pourtant il refrigère et desseche, ensemble l'un et l'autre est de second dégre tenant le moyen. On amasse l'herbe et les fleurs au mois de mai et de juin, la graine au mois d'août donne la figure des deux, purge qu'on les mêle ensemble aucune fois.

Du petit Plantin, et de ses propriétés.

Dioscoride et Galien, en nous déclarant que les feuilles du plantin ont vertu dessicative et abstinge, pour autant sont bonnes à tous ulcères malins, mêmement à ceux de lèpre, qui jettent

C 2

Forme du petit Plantin.

ordures et fan-
ges. Contre
ulcères qui
mangent le
corps, fron-
cleux, entrats,
petites postu-
lesquiviennent
aux jambes et
aux pieds,
comme sang
meurtri: ladite
herbe guérit les
chitoines, c'est
mal de jambes,
ayant deux
bords enflés,
avec un peu de
douleur. Elle
espace et ap-
planit plaies et
est propre con-
tre les morsu-
res des chiens,

contre blessures, inflammations, pareripes, qui
sont apostumes venant derrière les oreilles; les
feuilles de ladite herbe, cuites avec sel, vinaigre,
et mangées en potage sont profitables aux flux de
ventre, procédant de dévoiement d'estomac, sans
exhortation de boyaux, somme qu'un petit pot
plein d'eau de plantin est très-utile pour arrêter tous
les flux de sang. Le jus ou suc de feuilles de ladite

herbe gargarisé souvent, guérit les ulcères de la bouche.

Ladite herbe mêlé avec Crema Cemolta, laquelle quelques Français appèlent terre de savon, et avec céruse, guérit le mal dit le feu saint Antoine. Le jus d'icelle égouté dans les fistules guérit.

La graine et la semence de ladite herbe pulvérisées, mise en vin, bue, arrête le flux de ventre et crachement de sang.

La racine cuite et mangée en gargarisme, appaise le mal de dents. Aussi elle resserre les cloux des ulcères, tant vieux que récents. Elle guérit, étant broyée, les dartres de sain-main ou malleteigne.

De l'Anis, et de ses vertus.

IL guérit soudainement les vessies du siège, bue en eau mêlée la quantité de deux dragmes; deux heures devant l'accès, il guérit de la fièvre, le suc de la racine trempée, ou bien la racine même broyée en eau ferrée; les uns donnent trois racines et demie d'eau aux fièvres tierces; fièvres quartes, quatre racines, en quatre ciathes.

L'anis fleurit ès mois de juin, de juillet, lors est plein de semences : l'Anis est chaud et sec au tiers degré. L'anis totalement échauffe et desseche, il fait aisément respirer, et rend l'haleine douce et aimable. Il ne fait aucun mal, et allège les douleurs; il provoque l'urine, il ôte l'altération aux hydropiques étant pris en breuvage. Il profite contre les bêtes venimeuses et contre enflures. Il endurcit le ventre et arrête le flux blanc aux femmes.

C 3

Forme de l'Anis.

Il cause le lait, l'attire aux mamelles et provoque à luxure. Le parfum de l'anis tiré par le nez, appaise la douleur et rupture des oreilles ; l'on prend de l'anis en breuvage, avec vin contre les scorpions Il donne bon goût au vin étant dans les tonneaux avec noix amères, le mangeant au matin avec livêche et un peu de miel fait la bonne bouche et l'haleine plus plaisante, et en ôte la mauvaise odeur, avec du vin lavant sa bouche et visage beau, clair et jeune.

Etant pendu au chevet du lit, tellement que les dormans le puissent sentir, il ôte les songes; il engendre appétit de manger.

Pour la toux, prends dix-huit dragmes d'anis avec cinquante noix amères, et après le broyer avec du miel d'anis cuit est bon le soir en breu

vage ou à odorer seulement; aussi pour les enfans
étant en danger de mal caduc, qui sentent contra-
diction de nerfs ou spasme. Pythagores étoit
d'avis qu'on en fît bonne provision aux maisons,
pour autant que ceux qui en tiennent entre leurs
mains ne sont jamais surpris de mal-caduc, et
que les femmes qui le sentent se délivrent plus aisément de leur enfans. Ledit anis pilé avec semence de cocombre et de lin, en pareille mesure,
puis pris avec quatre onces et demie de vin
blanc, guérit les éblouissemens et troublemens
des sangs que les femmes ont après l'enfante-
ment. Il préserve aussi les vêtemens des tignes
et artuisons.

Du Pourpier cultivé, et de ses vertus.

LEs feuilles et les
fleurs se doivent
cueillir ès mois de
juin et de juillet; la
semence aux mois
suivans.

Le pourpier re-
frigère au tiers de-
gré, et humecte au
second; il a vertu
abstringeante. Il sur-
vient aux douleurs
de tête, inflamma-
tion des yeux et de
toutes autres parties,
aux ardeurs de l'es-
tomac, rompt les as-
sauts furieux de Ve-
nus. On le distile

aussi avec huile rosat contre les douleurs de tête
causées par grande ardeur et brûlure du soleil. Il
réprime les fluxions, nommément celles qui viennent de colère et de chaleur avec ce qu'il les
altère en qualité; il refrige grandement. A cette
cause il aide ceux qui sentent une chaleur en l'estomac, appliqué tant sur les flancs que sur le
ventre, et signalement es fièvres hestiques. D'abondant il guérit la stupidité des dents agassées par
quelque aigreur, adoucissant et remplissant de son
humidité visqueuse, ce qui auroit été âprement
séché pour avoir touché et mangé choses arides
et astringeantes. Et faute de pourpier, sa semence
a même puissance et effet on l'applique sur le
cerveau des enfans et le nombril par trop lâche.

Le pourpier mangé cru, appaise les ulcères de
la bouche, et les tumeurs des gencives et douleurs de tête, il raffermit les dents tremblantes,
mâché il appaise les crudités, affermit la voix et
relache la soif. On l'applique avec farine d'orge
sèche contre les fièvres ardentes.

Chardon béni, et de ses vertus.

CHardon béni croît ès montagnes, il est de chaude et sèche température. Le Chardon béni ouvre les parties nobles, opilées et touchées : il fait uriner, il brise la pierre, il guérit les ulcères, nommément de poumon, il aide à ceux qui sont point et frappés de bêtes vénimeuses, ils disent celui ne pouvoir être atteint de la peste qui en prend, ou au manger ou au boire.

Mêmement le vulgaire s'est persuadé qu'il aide grandement à ceux qui en sont déja atteints, les modernes disent que le Chardon béni pris en breuvage ou en viande, vaut contre les véhémentes douleurs, tournoyemens, étourdissemens de la tête et la mémoire perdue.

Idem. Il est bon aux ulcères pourris, et nommément des mamelles, quand il est réduit en poudre, jetté d'essus.

G 5

De l'Angélique sauvage, et des vertus d'icelle.

A Ngélique sauva-
ge, croît en certains
lieux montueux;
la cultivée est com-
mune et en grande
abondance à Paris;
elle fleurit au mois
de juillet et d'août.
Les herbiers mo-
dernes lui assignent
la vertu d'échauf-
fer et dessécher
au tiers degré. Elle
ouvre et subtilise,
elle résout et digère,
comme disent les
modernes.

Elle est singu-
lièrement contraire
aux venins, elle re-
chasse les infections et airs contagieux de la peste,
elle affranchit le corps de toute maladie pestiférée,
si seulement, comme ils affirment, on la tient à
la bouche. Il suffit d'en prendre l'hiver la grosseur
d'un pois chiche dans du vin, l'été avec une rose,
et promettant que le jour que quelqu'un en man-
gera, il ne sentira rien de contagieux: car elle
chasse le venin par urines et sueurs.

Elle incise et digère l'épaisse et gluante vis-
cosité des flegmes, et parce sert-elle de remède
à la toux engendrée de froidure. Elle résout
et fait cracher des caillons de grosses et superflues
humeurs amassées de thorax. La trempe ou cuisson

de l'herbe faite en vin ou au, conglutine les ulceres
et plais interieurs; elle réjouit le cœur, elle jette les
flegmes de l'estomac, et guise l'appétit languissant.

Elle guérit les morsures et blessures de chien
enragés, avec de la rhue et du miel appliqués sur
lesdites mersures et piqûres, puis autres semblables cuites en vin, la décoction prise en breuvage,
elle estreint les appétits charnels prise à jeûn, et
elle est estimée propre à tirer à soi toute l'ardeur et saveur de fievre, si elle est mise sur la
tête du fébricitant.

De la Marguerit Páquette, et Marguerite cultivée.

LEs herbes
que les latins ap-
pellent *Bella te*,
nous les nom-
mons Páquettes,
parce qu'elles
produisent d'or-
dinaire les fleurs
au tems de Pâ-
ques. Les plus
grandes sont
communément
appelées. Cou-
sire moyenne.

C 6

Confire grande, dite Marguerite,

L'Une et l'autre Paquette croit aux prés et par tout. Maintenant on la seme aux jardins, la petite apparoit incontinent en la primevere, et aussi presque tout l'été, et la grande fleurit au mois de mai, auquel tems et saison elle se doit aussi cueillir : l'une et l'autre Paquette est chaude et seche, ce qu'on peut tirer et conclure de Pline, lequel écrit l'usage d'icelle, et de resoudre les strumens. Tous les vivans d'aujourd'hui connoissent que la Paquette ou Marguerite est une herbe servant et convenable aux plaies, principalement est bonne appliquée sur les fractures de la tête, le suc de l'herbe est aussi utile, pris en breuvage de ceux qui sont blessés ou navrés, soit que l'herbe est estimée pour la résolution des membres que les Grecs appelent paralysie.

Idem. Pour gouttes podagres, pour gouttes sciatiques et contre les strumens.

Contre le flux de sang sortant de l'arterre, ou poulmon, ou au foie.

Prenez de la racine de Consire, dite Marguerite, lavez-la en eau froide, et la ratissez avec un couteau d'ivoire ou d'os, donnez-en au patient onces ou plus, tant qu'il en pourra manger.

Notez qu'il ne faut point toucher de vinaigre ce jour-là, quoiqu'il ait grande vertu de cette racine, si on en donne avec elle.

Remède souverain pour étancher le sang sortant par la bouche.

Prenez de la racine de Consire, dite Marguerite, faites-la cuire avec du vin, puis en donnez à boire au malade, et sera étanché.

De la Rose.

LA Rose et connue de tous : il y en a des rouges, des blanches, des domestiques, et sauvages. La faculté de la Rose est composée d'une substance aqueuse, qui est chaude, et de deux autres qualités savoir, de l'astringeante et de l'amère il faut tirer le jus des feuilles encore fraiches et nouvelles, après avoir ôté l'ongle avec les fossettes.

On appèle l'ongle de la Rose, le blanc qui est en la feuille; on doit épeindre et piler le reste dans un mortier à l'ombre, jusqu'à ce qu'il soit épaissi, puis la garder pour en frotter les bords des yeux; le jus des Roses est bon à s'en gargariser pour les maladies des oreilles, pour les ulcères de la bouche, pour les gencives oigdales, pour les douleurs d'estomac, de l'amarri, vices du siège, et douleurs de tête, pris sans autre mixtion, pour la fièvre, ou avec du vinaigre, est bon pour le sommeil et pour le vomissement.

Contre la douleur de tête occasionnée par une chute d'en haut.

Prenez des Roses et de l'huile d'iris dit glayeul, mettez le tout avec du bon vinaigre, puis l'appliquez sur la tête, et cela guérira.

Contre la douleur de tête venant de chaleur.

Prenez du jus de Roses de rosier, autant de jus fait de Mûres, en frottez la tête et en ôtera la douleur; mise sur le nez, elle purge la tête, les feuilles ne fussent-elles qu'apposées en forme de cataplasme, sont très-utiles aux extortions de ventre, des intestins et des parties prochaines du cœur.

La Rose sauvage emplâtrée avec oing d'ours, guérit les maladies. Les épogettes et fruits des Roses sauvages, ont une vertu singulière contre la pierre et difficulté d'uriner, si on la donne à boire; elle la réduit en poudre bien déliée et bien criblée.

De la Bétoine.

CEtte herbe a la tige menue, de la hauteur d'une coudée, les feuilles longues, molles, dentelées, come celles de chêne, oderiférantes, la semence et la graine en épi. Elle croît aux forêts et aux lieux montueux, froids, épais et ombrageux. Elle abonde en fleurs aux mois de mai et de juin. Elle est chaude et froide au premier degré parfait, ou au milieu du second.

Forme de la Bétoine.

Les racines prises en breuvage avec hydromel font vomir les flegmes, l'herbe appliquée par dehors prise contre les morsures des bêtes venimeuses. Pareillement contre venin et poison, une dragme prise en breuvage avec vin est fort profitable. Quelque poison ou venin, tant soit-il mortel, ne nuit point, si auparavant on a pris de la Bétoine; prise avec de l'eau en breuvage est médecinale contre le haut mal et gens qui tournent en furie, et aide à faire digestion prise après souper la grosseur d'une fève avec du miel cuit.

Aux hydropiques on en donne le poids de deux dragmes; à ceux qui ont la fièvre avec du vin miellé. Elle réjouit ceux qui ont la jaunisse, et fait venir les menstrues aux femmes prise en breuvage avec du vin le poids d'une dragme. Pour se servir de la Bétoine à toutes les choses ci-devant dites, il faut premièrement en faire bien sécher les feuilles, puis les piler, et ainsi pilées, gardez-les dans un pot de terre.

Elle rompt les pierres et gravelles arrêtées aux reins, purge et nettoie le poulmon, le thorax et le foie. Elle est dite avoir si grande : vertu, que les serpens enfermés et enclos dans un cercle ou ceintures faites d'icelle, se tuent l'un et l'autre à force de se battre et débattre ; on boit la poudre d'icelle contre les douleurs de tête et de la poitrine.

De la seconde sorte de Bétoine, que les français appellent Œillet.

Qu'elle soit chaude ou sèche, son amertume, son odeur et plusieurs autres choses siennes le montrent assez ; elle préserve le corps et est l'amie des hommes ; pilée toute fraîche et appliquée sur les plaies, elle tire les os rompus et fait continuellement cela jusqu'à ce qu'elle ait tout parfaitement guéri. Elle guérit la douleur de tête, prenant sa décoction en eau, et d'icelle lavant la tête ou appliquant aux tempes avec de la colle en forme de liniment, ou la racine d'icelle, ou son parfum. Elle chasse aussi l'horreur des fièvres quartes et autres. Le suc ou jus d'icelle est bon pour empêcher la corruption de l'air et infecion de la peste, même si quelqu'un en boit étant déjà surpris de mal, il garantit et délivre. De la fleur on en fait huile contre la morsure des chiens enragés, contre les fistules et parotistes, auxquelles elle remédie, et en frottant les yeux du malade.

Du cresson Alenois ou Assis.

LA semence de Cresson Alenois échauffe et sèche au quart degré. Ladite semence est participante de faculté brûlante comme moutarde. Et parce échauffe ou d'icelle ni moins que moutarde, les gouttes sciatiques, douleur de tête, et autres qui requièrent remèdes rubricatifs; le Cresson guérit les strumes appliqué dessus, avec farine de fèves, et couvertes de feuilles de choux. Il purge la vicost, et éclaircit la vue, il guérit la toux si tous les jours on en prend à jeun avec miel. Avec pois dissout tous apostumes, arrache du corps tous eguillons et épines. Il efface toutes taches du corps, appliqué avec vinaigre; on y ajoute le blanc d'un œuf contre le chancre, on l'applique avec vinaigre sur la ratelle, on en frotte les enfans avec du miel. Le suc infus dans les oreilles, appaise le mal de dents. Il guérit avec graisse de lard la teigne et ulcères de la tête, et avec le vin cuit il mûrit les froncles et cloux. Il met les charbons en supuration en les rompt.

Du Cabaret.

CAbaret est appelé eu grec et en latin Sacrum, certains l'appellent Asara buc-chara, feuilles semblables à celles du lierre, mais beaucoup plus molles et plus rondes. Les fleurs entre les feuilles jusqu'au bas de couleur de pourpre, et semble à la gousse de la fleur de jusquiam, en laquelle est la semence, qui n'est pas fort différente du pepin de raisin, il vient en des lieux ombrageux, principalement és montagnes ou forêts; il aime les lieux apres, sec et maigres.

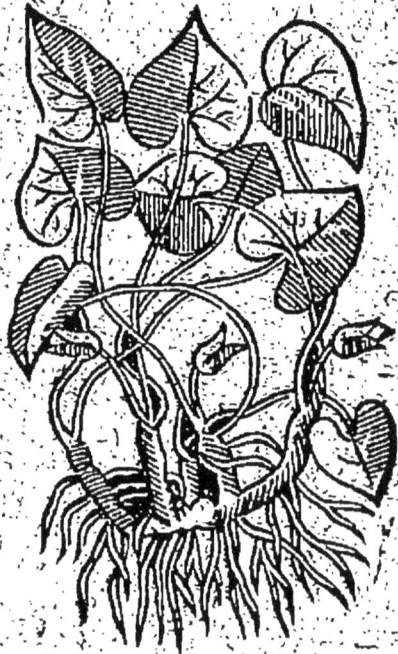

Il fleurit deux fois l'année, au printems et en automne, et le faut cueillir à la fin d'août, à savoir depuis le quinzième dudit mois, jusqu'au huitième de septembre : le Cabaret est chaud et sec au tiers degré, principalement ses racines.

Les racines de Cabaret ou Asarum échauffent et provoquent l'urine. Elles profitent grandement aux hydropiques et à ceux qui ont gouttes sciatiques de long-temps.

Elles sont salubres aux morsures de mauvaises bêtes bues en vin. Les feuilles ont vertu astringeantes si on en oint ou frotte la tête, elles guérissent les douleurs d'icelle, les inflammations, rougeurs des yeux et les fistules qui commencent à venir entre les conduits du nez, semblablement guérissent enflures que les femmes ont ès mamelles, après qu'elles sont accouchées, et remédie aussi au feu volant. Si on lave la tête de lessive, en laquelle ait cuit ladite herbe, elle fortifie le cerveau et renforce la mémoire; le suc mêlé avec une drogue qu'on nomme Pomfolix, est profitable pour les yeux éblouis qui berlent.

Les anciens faisoient de l'huile de Cabaret, qui porte une fleur de couleur de pourpre dont la racine en quelque chose porte la senteur de Cynamome, il s'en trouve assez en France, lequel est appelé vulgairement Cabaret, ils se faisoient frotter les sourcils et cheveux, le col et la tête de l'huile de serpolet, qui est autrement nommé Allioti, dit Serpillum, et aussi les bras de celui de Cresson, et de l'Amarissin ou Marjolaine les os et les nerfs.

De l'Anet, et de ses vertus.

L'Anet fleurit en été aux mois de juin et juillet; l'anet échauffe si fort, qu'il doit être dit chaud, ou à la fin du second degré, ou à la fin du premier; mais étant brûlé il échauffe, et dessèche au tiers degré.

Forme de l'Anet.

La chevelure de l'anet sec, la décoction de sa semence fait venir le lait; il astrint et dessèche la semence ou sperme, quand on en use trop souvent en breuvage.

La semence de ladite herbe étant brûlée et frottée tout à l'entour du pertuis du fondement, qui sont des ulcères quasi incurables. Etant brûlée, profite grandement aux ulcères fort humides, qui en sont frottés et oints, principalement ceux qui sont aux parties honteuses; l'anet fait rotter, appaise les tranchées, et restraint le ventre de ses racines mêlées avec vin, et oignant les yeux des épiphores, qui est une maladie de yeux pleurans, seront très-bien guéris.

La cendre de ladite herbe guérit la maladie de la luette qui vient à la bouche. Aucuns ont dit que ladite herbe est profitable à l'estomac.

De la Rhubarbe, et de ses vertus.

LA grande Rhubarbe a nature de réfrigérer et d'éteindre, elle est bonne pour les feux volans et échauboulures, galles, dartres, et telles rognes qui vont toujours croissant, s'épanchant par le corps; semblablement est très-bonne ladite herbe étant brûlée contre la goutte, appliquée tant seulement, qui est mêlée avec farine d'orge et de fromage, dont usoient fort les anciens; le suc de ladite herbe mêlée avec la susdite Pelanta et huile rosat, appliqués sur la tête pour la douleur d'icelle. Elle est singulièrement bonne prise avec du vin pour tuer les vers dedans le corps, ledit suc est bien profitable pour oindre les yeux qui sont meurtris par quelques coups, empêche la vue et ôte l'humeur. Elles réfrigèrent et rafraîchissent fort, et servent à la maladie qu'on dit feu saint-Antoine, et autres espèce de feux qui sont chancreux, semblablement aux inflammations qui proviennent de quelques défluxions. Lesdite herbes mises sur les tempes, ou le suc d'icelle, est bon pour la douleur de tête.

Du Calamens des Montagnes.

CAlament des Montagnes a ses feuilles semblables au basilique blanchâtre, les petits rameaux anguleux et noueux, la fleur purgative. Il croît és montagnes et lieux rudes. Il fleurit en juin et juil-

Forme du Calament.

let. Le cala-
ment est subs-
tance subtile
et chaude, sec
presque au
tiers degré.
De tous les
calamens, les
feuilles, quant
au goût sont
fort chaudes et
âcres, la racine
est utile. Le
calament est
bon pour les
morsures de
serpens; la
décoction d'i-
celle prise en
breuvage, pro-
voque l'urine
et le flux menstruel. Il est bon pour gens surpris de
convulsion, et pour ceux qui ne peuvent respirer s'ils ne sont toujours droits, que les grecs appellent Cetoniques, et contre les tranchées, co-
lères et frissons.

Si on le prend le matin à jeûn avec du vin, il
résiste au poison et au venin, il guérit la jaunisse,
il tue toutes sortes de vers le buvant avec sel et
miel. Autant en fait-il s'il est broyé ou cru. Il
aide bien aux ladres, s'ils en mangent en buvant

puis après mêgne de lait, les feuilles aux femmes,
tue l'enfant dedans le ventre.

Icelles aussi mises au feu ou répandues par la
chambre, font fuir des serpens; si d'icelles cuites
en vin, on frotte les cicatrices noires, elles les
rendront blanches.

Elles effacent toutes meurtrissures; le jus d'icelui
dedans les oreilles tue les vers qui s'y engen-
drent.

Qui voudra expérimenter la vertu du calament,
qu'il l'applique par dehors sur quelque partie du
corps, et il verra évidemment que premiére-
ment il pique grandement, puis il rompt et dé-
chire le cuir; finalement il fait plaies et ulcères.
Et si on le prend en breuvage ou autrement,
étant à part tout seul ou avec de l'hydromel, il
échauffe évidemment.

Il fait suer et ouvre les conduits de tout le corps
et dessèche, c'est pourquoi quelques-uns émus
et enduits par cette raison, en ont usé contre rigueur
et frissons de fièvres interposées, à savoir, quand
il en vouloient user par dehors, ils faisoient
cuire en huile, et après avoir diligemment et
bien fort frotté sur le corps, ils s'en engrais-
sent par-tout. Outre plus, plusieurs en usent pour
les gouttes sciatiques, et en font comme un cataplasme qu'ils appliquent sur la partie malade,
comme un remède singulier; car tire moins
du fond de la partie toutes humeurs et échauffe
toutes les jointures et successivement brûle la peau,
et fait élever plusieurs vessies. Le calament tant
appliqué par dehors, que pris par dedans, tue l'enfant au ventre de la mère et le pousse dehors.

Du Sené et de ses vertus.

LE Sené a les gous-
ses courbées en
forme du croissant de
la lune. La semence
longue et pointue
comme le cœur d'un
homme.

Les Arabes le col-
loquent dans le rang
de ceux qui sont
chauds au commen-
cement du second de-
gré, et secs au pre-
mier. Il a du fruit
qu'on trouve dans les
gousses et boursettes,
que les barbares ap-
pèlent Sené, duquel
l'on en peut prendre
sans nuisance le poids d'un dragme pour évacuer
la colère et le flegme, autres rebelles humeurs,
il purge tout doucement les autres; et le prenant
avec le bouillon d'un chapon, il purge la colère,
aduste la mélancolie et suffocations d'icelle; en
outre, il donne secours aux vieilles douleurs de
tête, à la rogne, à ceux qui sont travaillés du
haut-mal, aux gratelles et feux volages; mais on
le fait plutôt bouillir pour en donner le jus que l'on
pile pour en donner en poudre; il ôte les extorsions
des parties extérieures.

Du

Du Cléolament, ou Pain de Pourceau.

IL s'en trouve en abondance dans la forêt d'Orléans; il a la feuille de lierre de couleur purpurine et bigarée, ès dessus etdessousles taches blanches, la tigelonguedequatre points, unie, sans aucunes feuilles en laquelle se forment fleurs comme roses de couleur purpurine, la racine est noire, semblable, à un nouveau, il croît en lieux ombrageux parmi les haies et buissons, plus ordinairement et abondamment sous les arbres.

Le Pain de Pourceau est chaud et sec au tiers degré; la racine de Pain de Pourceau prise en breuvage avec hydromel, purge par le bas les flegmes et humeurs aqueuses; on le boit avec vin contre tous venins et poisons mortels, et principalement contre fièvres malignes Icelle enduite sur morsures de serpens est un remède singulier, si on le mêle

D

en vin, elle énivre : elle arrête la jaunisse prise en
breuvage, le poids de trois dragmes avec vin cuit,
ou hydromel et beaucoup d'eau ; il faut que celui
qui en boit se couche au lit bien chaudement, afin
qu'il sue : et quand il sortira on trouvera sa sueur
être de couleur de fiel. On en fait pareillement
suppositoire avec de la laine qu'on applique pour
faire sortir les excrémens. On le mêle avec les
médicamens quand on le prépare pour faire avorter ; il arrête le siége par trop lâche et rompant,
étant mixtionné avec vinaigre, puis appliqué en
forme de liniment, et si nettoye le visage de taches causées de hâle et du soleil, et remplit le
poil des places pelées en la tête ; maladie que les
grec nomment Aiopaties, de la decoction d'icelle
ou étuve non sans profit, désossés podagres, petits
ulcères de la tête.

Pour faire onguent propre à guérir les mules aux
talons, faut creuser ladite racine, puis la remplir
d'huile et la mettre sur la cendre et y ajouter un
peu de cire titténique, afin que l'onguent devienne
fort et épais, le tout ainsi accoutré est très-bon
pour les mules.

On dit que pour faire humer, il la faut prendre
bien pilée et rédigée en trochisques. Sa vertu est si
forte et véhémente, que si de l'huile on en graisse
le ventre, elle lâchera et tuera les enfans qui sont
dedans ; car c'est un médicament propre pour faire
avorter, l'appliquant en pessaire. Après l'avoir bu,
il provoque la sueur.

La quantité qu'il en faut prendre, est le poids
de trois dragmes, soit avec hydromel, ou avec du
vin cuit. Il embellit la peau, la nettoyant de toutes

taches, mêmement de lentilles, hâle et autres taches qui procèdent de la chaleur du soleil, et de
tous saphirs et bourgeons.

Ils remplit le poil des alopecies, qui sont places
pelées en tête ou ailleurs; ladite racine tant
verte que sèche, appliquée sur la ratelle en forme
de liniment ôte les impuretés.

Aucuns appliquent ladite racine sèche à ceux
qui sont asmatiques.

Rubarbe de Moine.

LA Rhubarbe de
moine croît ès jar-
dins et en plusieurs
lieux, c'est une
manière de Li-
pathon, elle a les
feuilles larges, ten-
dres, tiges de deux
coudées de haut,
quelqufois dente-
lées, fleurs petites
et jaunes, la racine
en triangle, les
feuilles de Lipathon
cuite, lâchent le
ventre, et si on
les applique crues
avec oignement rosat
safran sur melce-
rine, qui sont ulcères.
jettant boues semblables à miel, incontinent les
feront résoudre.

D 2

La semence de Lapothon sauvage, de parelle et d'oseille, est bonne à boire avec vin ou eau contre la dissenterie et autres douleurs de ventre, maux d'estomac et piqûre de scorpion. Que si quelqu'un en avoit pris devant toute autre viande, encore qu'il tût frappé desdits scorpions, il n'en aura que le mal. Les racine desdites herbes crues avec vinaigre guérissent gratelles et taches de visage. La décoction d'icelle appaise les demangeaisons si on en étuve les parties. Après qu'elles sont cuites en vin, si de la décoction ou lave la bouche et les oreilles, elle en appaise la douleur aussitôt : elles font résoudre strumes et parotide, güerrons et orillons, si âpres qu'elles soient cuites en vin on les applique par dessus La décoction d'icelles bouillies en vin et bue, guérit la jaunisse. Elle brise et diminue la pierre en la vessie.

De l'Espargoutte ou Parthenium.

CEtte Espargoutte est appelée des latins Parthenium, d'autres l'appèlent Mille folium, ou Matricaire. Matricaire a les feuilles semblables à celles de Corlaude, les fleurs blanches par les bouts, jaunes par le milieu, d'une odeur forte et mal plaisante, amere au goût : Parthenium croit dans les bleds près des sentiers, presque toujours entremêlé avec la camomille : elle vient aussi aux haies des jardins, ainsi que dit Pline. Elle commence à venir au printems principalement au mois de mai et dure tout l'été. Gallien l'appèle Amatarum. Parthenium échauffe vertueusement, mais il ne dessêche pas grandement. Ainsi il est chaud au tiers degré et sec au second : le Parthe.

Forme de l'Espargoutte ou Parthenium.

nium des-
seche, bu
avec oximel
ou sel attire
par de bas la
colère et le
flegme, de
même que
l'hyrithimie
il est bon
pour les ast-
matiques et
mélancoli-
ques.

L'herbe est
utile prise en
breuvage gens
a pierreux et
astmatiques.
La décoction
d'icelui pro-
fite au bain
fait pour la
dureté et
l'inflammation de l'amarri. Toutefois on fait de
l'oint avec ses fleurs, que l'on met sur le mal saint
Antoine et sur inflammations : selon Pline étant
bu avec miel et vinaigre, il atire la colère noire :
A cette cause il est bon à gens travaillés d'étourdissemens de tête : on fait aussi un oint pour le
mal-sain-main. Les Magiciens, pour en user contre

D 3

fièvres tierces, commandent de l'arracher avec la main gauche, et se faisant dire par qui on la cueille, et n'y regardant point, puis mettre la feuille sous la langue du malade, afin qu'il avale promptement dix dragmes d'eau.

De la Verveine femelle ou renversée.

LA Verveine renversée ou femelle, jette ses roseaux longs d'une coudée, quelquefois plus grands et anguleux, près desquels sont situés les feuilles par intervalle, pareilles des chênes, moindres toutefois et plus étroites, crenelées par les bords, de couleur tirant sur le verd. La racine est longuette et déliée les fleurs rouges et tendues, elle croit es plaines et lieux aquatiques : on la doit cueillir sur le commencement des jours caniculaires, car alors elle fleurit ; les feuilles et la racine de Verveine renversée, bues en vin ou plâtrées, donnent aide contre serpens et autres

bêtes rampantes : pareillement on le prend en breuvage au poids d'une dragme et avec trois oboles d'encens et une chopine de vin vieil, par l'espace de quatre jours à jeun contre la jaunisse; emplâtrée, elle appaise les vieilles humeurs et inflammations : elle modifie les ulcères dehors.

Le portrait de la Verveine.

LA Verveine cuite en vin et prise en gargarisme, rompt les croûtes des émigdales et arrête les ulcères de la bouche qui vont en rompant; l'on dit que si on arrose une salle d'eau où la Verveine aura trempé, ceux qui assisteront au banquet s'en retourneront tout réjouis.

Le tiers nœud de l'herbe, en montant droit depuis la terre jusqu'en haut, puis avec ses feuilles est utilement donné en breuvage contre les fièvres quartes, selon Galien. Elle a la vertu si desséchante, qu'elle renferme toutes plaies; contre la colique, fais cuire les racines à demi écrasées en eau, jusqu'à la consommation de la moitié et donnes à boire cinq ou six jours durant la décoction desdites racines.

On a trouvé par expérience, que ce remède est efficace, semblablement est bon contre la pierre et contre la ladrerie qui commence à sortir, si on la prend avec du miel. Tu en pourras user pareillement contre les haut-mal, fièvres quotidianes et fièvres quartes.

C'est chose très-profitable aux fistules de les laver de jus tiré de la racine. On la peut ainsi incorporer avec le miel, et mettre dans les fistules en forme de colère, et lors il profite à merveille. Da-

vantage, plâtrée elle guérit les goutteux et ceux
qui sont tourmentés de la goutte sciatique.

De la Rhue, et de ses propriétés.

L A Rhue con-
nue de tous : elle
aime d'être en
l'abri et en lieu
sec : la graine
se mûrit en
automne seule-
ment, et alors il
la faut amasser.

Elle est d'un
goût non-seule-
ment aigu, et
amer aussi. Elle
est au tiers degré
des choses qui
échauffent, et
dessèchent mer-
veilleusement :
la Rhue échauffe
et fait uriner,
provoque les
fleurs aux fem-
mes, bue et mangée, elle resserre le ventre en
buvant avec vin, la graine de la Rhue au poids
d'un acérabule. Elle servira d'antidote contre
tous venins, c'est-à-dire, de contre poison. Les
feuilles prises à jeun, et autres noix de noyer
et figues sèches, font que les poisons n'ont point
de vertus. Elle étreint la semence de la généra-

tion, soit-elle prise en viande ou en breuvage.
La décoction d'icelle faite en huile et donnée en
clystère chasse les ventosités et enflures au boyau
nommé Calou, c'est-à-dire, Colique venteuse de
l'amarri et du boyau droit. Broyée avec miel,
appliqué depuis la partie génitale jusqu'au siège,
délivre les femmes suffoquées de l'amarri; bouillie
avec huile, tue les vers et les fait sortir. On l'applique sur la douleur des jointures avec miel, et
sur le ventre des hydropiques avec figues, elle leur
aide aussi beaucoup en breuvage; on la fait cuire
aussi il s'en faut frotter avec huile rosat et vinaigre, puis allége les douleurs de la tête, broyée et
mise dans le nez, elle arrête le flux de sang. Emplâtrée avec feuilles de laurier, elle provoque aux
inflammations génitoires ou pustules et rougeoles,
avec mirtille et sirop; si on la fait avec vin, poivre
et nitre, elle guérit la gratelle blanche. Elle est
utile contre darte avec miel et alun. Le jus d'icelle
cuit dans l'écorce d'une pomme de grenade, et
mis goutte à goutte dans l'oreille, allége les douleurs d'icelle. Si d'icelui on oint les yeux avec
miel et jus de fenouil, il éclaircit la vue, pareillement avec vinaigre, céruse et huile rosat, il guérit
le mal saint Antoine, les ulcères rampats et la teigne : icelle mangée aux aulx ou oignons elle
ôte leur âcreté : quand les fouines se veulent battre contre les serpens, elles se fortifient en mangeant d'icelle. Rhue : elle fortifie aux hydropiques
prise avec figues; semblablement la décoction
d'icelle faite en vin, qui ait bouilli la consommation de moitié : on la boit aussi en cette sorte contre la douleur de la poitrine, du côté, durable contre la toux et courte haleine, passion du poulmon,

du froid, des reins et frissons froidureux; la décoction des feuilles prise en breuvage est bonne contre catarres et pesanteurs qui viennent d'ivrognerie. On fait jus d'icelle broyée avec vinaigre, embrocation sur les tempes et tête des frénétiques. Certains y ajoutent du serpolet ou du laurier, oignant la tête et le col. Et avec gros vin noir, d'où procèdent les purgations des femmes, et fait sortir l'enfant mort, et l'arrière-fait, ainsi que dit Hypocrate. Et par ainsi l'ordonne qu'on en oigne le ventre et qu'on en fasse du parfum pour les passions de l'amarri.

La Rhue cuite avec alun et miel, corrige la rogne et gratelle en faisant oint, et autres telles maladies. De plus, il y en a qui appliquent la Rhue cuite sur les mamelles par trop enflées, et avec cire contre les empoules et descentes véhémentes de flegme. Quant au reste des autres choses qui se disent de la Rhue, c'est bien des merveilles, étant la Rhue fervente de son naturel, comme une poignée d'icelle cuite en huile rosat, avec une once d'aloès a puissance de repousser et empêcher la sueur à ceux qui s'en oindront. Et qu'en mangeant de la Rhue, la génération est empêchée. Et pour cette raison il l'ordonne contre le flux de semence, et l'imagination de paillardise survenue par songes : il faut avertir les femmes grosses qu'elles n'usent de cette viande, car je trouve qu'elles tuent les enfans dedans le ventre. Au demeurant entre toutes les choses qui sont cultivées, c'est un singulier remède ès maladies des bêtes à quatre pieds, soit qu'elles aient la courte haleine, ou qu'elles soient mordues de quelques bêtes vénimeuses, et dangereuses, et

lors il la faut jetter dans les narines avec du vin.
Et s'il arrivoit qu'elles eussent avalé quelque sang-
sue vive, il conviendroit leur donner avec du
vinaigre; et on peut user d'icelui remède en toutes semblables maladies, comme l'on feroit à un
homme tempégé. Si quelqu'un use de ladite Rhue
à jeun, ce jour-là ne pourra être blessé de poison
aucunement.

De l'Herbe à Charpentier.

L'Herbe à charpentier porte les tiges roides, ridées au milieu, grosses et bossues les feuilles pareilles au basilic, pointues, et de couleur de l'herbe. Les fleurs au plus haut des tiges en forme d'aspic, et est semblable à la fleur de lavande : les racines sont grosses et garnies de plusieurs chevelures et flamens, elle croît parmi tous les prés.

Elle croît aux mois de mai et juin; il est
évident qu'elle est chaude et sèche, ce qui se
connoit au goûter; car elle est fort gluante et un
peu amère.

Il est tout certain qu'elle est propre pour les
plaies. Les plus récens disent que le jus mêlé avec
vinaigre et huile rosat, appaise les grandes véhémentes douleurs de la tête si on en oint les
tempes : ce jus pareillement guérit les rognes
et ulcères de la bouche, et tous les accidens de
la gorge.

Du Curage et de ses vertus.

LE Curage a les feuilles de pêcher, tachées par le milieu de brun, ou de couleur de plomb, la tige genouillée et noueuse, rouge et longue. La fleur en façon d'épi blanchâtre, premierement, et puis rouge. La graine menue, et la racine jaune, fuis-sant en filament.

Le Curage croît le plus souvent en lieux humides et marécageux. Elle fleurit au mois de juillet et d'août. Le goût montre assez qu'elle est froide et fort seche, car en la goûtant elle éteint merveilleusement. Son temperamment fait assez entendre que c'est une herbe propre pour les plaies, fraichement cueillie, et jetée par les chambres, chasse les puces.

Du Pirêtre, ou pied d'Alexandre.

LE pied d'Alexandre a été dit, des latins Silvans, pour ce que sa racine machée ou tenue seulement

E

Forme de la Piretre.

en la bouche,
fait tenir
grande quan-
tité de salive
à la bouche.
Le pied d'A-
lexandre est
herbe qui
produit la
tige et les
feuilles de
pavot sauva-
ge et fenouil.
L'Escarmou-
chette est
pareille à
celle d'ane-
taronde. La
racine est
grosse com-
me le pouce,
longue et
fervente en
saveur.

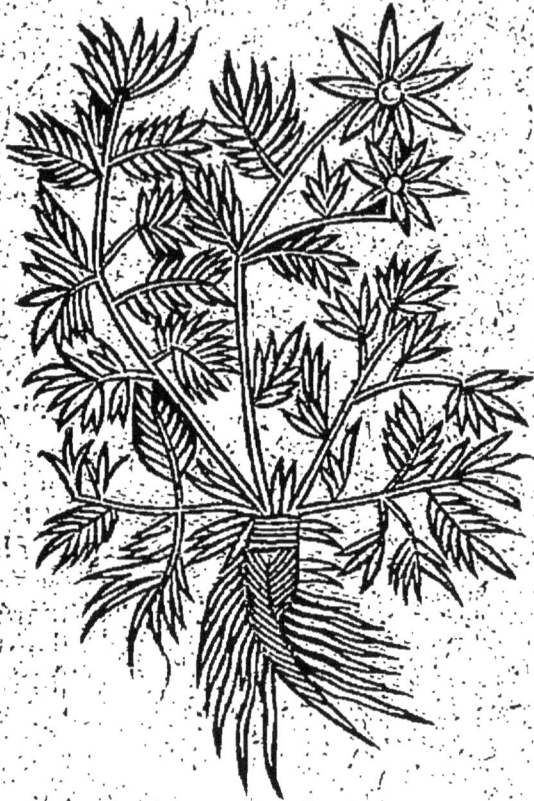

Ses propriétés sont prises de Dioscoride, où il
convient avertir le lecteur que le Pirethra de notre
pays ne répond entièrement à la description que
ci-dessus a été donnée, car il n'a point de mou-
chette à l'anet, mais il a le rond chapiteau de la
camomille, que Dioscoride attribue à la Prumice.
Tout le reste y convient fort bien; car le Piretre

a la tige et la feuille du pavot sauvage, et de goût très-ardent; le pirethre croît en beaucoup de lieux, et fleurit presque en tout tems de l'été. Le Pirethre est chaud et sec au tiers degré, même quelques-uns estiment au quatrième la vertu, selon Dioscoride. La racine de Piretre ôte le flegme, et pourtant cuit en vinaigre, elle fait bien aux douleurs de dents si on en lave la bouche.

Si on la mâche, elle attire l'humeur flegmatique. Si on en oint avec huile, provoque à suer. Elle est très-efficace contre l'âpreté des frissons qui ont par un long-tems détenu les personnes : Elle est fort profitable contre les parties du corps qui sont refroidies et paralytiques. L'usage principal du Piretre, c'est en sa racine, laquelle a une faculté d'ardeur de feu.

Diane d'eau, ou Lys d'Etang.

LEs Apothicaires la nomment Nenuphar, elle a les fleurs blanches semblables au lys.

Les feuilles sont comme celles du Coignet; plus petites et plus longues, nageant sur l'eau, quelques-unes cachées dedans l'eau, gissant toutes d'un racine, la semence large, gluante, de couleur noire, la tige vive et polie : le nenuphar croît aux marais et aux étangs. On cueille les fleurs sur la fin de mai, et le long du mois de juin. Les racines se doivent arracher en automne. Tant la racine que la semence du nenuphar ont vertu de rafraîchir, et dessèche sans modification, selon Galien.

La racine et semence du nenuphar arrêtent le flux de ventre, et retiennent le flux de la semence générative, fluant et coulant en songeant ou autre-

E 2

Forme de la Diane.

ment. Outre plus, elles ont aussi quelque vertu abstersive, en sorte qu'elles guérissent gratelles et remplissent de poils les places vuides et pelées en la tête. Contre gratelle, il les faut faire tremper dans l'eau, et contre les alopicies ou places pelées en la tête, il les faut mixionner et incorporer avec la poix liquide. Le nenuphar broyé et appliqué sur une plaie arrête le flux de sang : on le boit aussi, non sans grand profit, contre dyssenteries et rompures de boyaux. De plus, le nenuphar pris en breuvage une fois le jour, l'espace de quarante jours éteint de tout en tout l'appétit de paillardise. Elle consomme la ratelle bue en vin : elle appaise les douleurs de la vessie bue en même sorte : elle guérit les ulcères fangeux et jetant boue : elle efface toutes taches ; étant bien broyée on l'applique sur les plaies réduite en poudre, et profite

aux ulcères provenant d'entre-tallures ou écorchures de souliers.

Politric des Officines.

LE Politric des Officines semble à la fougère, trop petit; il a d'une part et d'autre, certain ordre de feuilles déliées, à la figure d'une lentille opposite par ensemble, des branches déliées, resplendissantes, noirâtres et rudes. Toutes les marques de cette description conviennent bien à l'herbe que les Officines nomment le Politric.

Il naît es lieux marécageux et ombrageux, parmi les murailles humides, et près de fontaines, tout ainsi que l'adiatum; on le prend dès l'été et au commencement de l'automne. Le Politric des Officines est en même proportion de chaleur et froideur. Il dessèche toutefois, il atténue, il digère. Le

E 3

Politric cru doit être appliqué sur les morsures
de bêtes vénimeuses avec lessive; il enlève lentes et
teignes appliqué avec Lapadanum et onguent de
mûres ou Sisinum; plus avec hysope et vin, il
arrête les cheveux qui tombent. Sa décoction faite
avec lessive et vin, fait les mêmes effets, si d'elle
on lave les cheveux.

Selon Galien, le Politric des Officines fait venir les cheveux épais ou rudes. Il résout les enflures et apostumes de la gorge, et rompt les pierres,
si on le prend en breuvage. Il profite beaucoup aux
crachemens visqueux et épais, qui procèdent de
la poitrine et poulmon. Il arrête le flux du ventre,
et n'apporte toutefois ni chaleur ni froideur qui
soit manifeste. Il doit être appliqué avec Aluine
pour la difficulté d'uriner. Bu avec vinaigre, ou
avec suc de fruit de la ronce, il arrête le sang.
La fenille broyée dedans l'urine d'un enfant qui
n'a point encore de barbe, avec Aphronitum, ou
appliqué sur le ventre des femmes, fait qu'il ne se
ride point. Aucuns estiment que les coqs et per-
drix sont plus belliqueux si on mêle du Politric
avec leur viande, et qu'icelui est très utile aux
bestiaux.

Du Jusquiame.

IL y a trois espèces de jusquiame, l'un porte des
fleurs d'incarnat, les feuilles semblables aux Pha-
seoles, la graine noire, les bassinets durs et épais.
Les herbiers le nomment jusquiame noir; l'autre a
les fleurs jaunes, en forme d'une pomme, les
feuilles et les gousses plus tendres, et la graine est
jaunâtre comme l'ircas, des herbiers le nomment
jusquiame jaune; le tiers est utile à la médecine.

Forme de la Jusquiame.

étant très-bénin, gras, tendre, couvert de poil folet, blanc de fleur et de graine. Ils le nomment jusquiame blanc; au défaut de celui-ci, il faudra user du jusquiame jaune. Le Jusquiame est un arbrisseau jetant plusieurs grosses tiges épaisses, feuilles larges, longues, découpées, noires et velues. Par après les feuilles sortant de sa tige, ressemblent aux premières fleurs du grenadier, tempérés de vergettes et pleines de graines, qui est comme celle de poivre; vient partout à l'entour des bords de de l'eau et entre les ruines et vieilles masures, il ne faut cueillir graine qui ne soit Jusquiame, et qui ne soit entièrement sèche. Il fleurit presque pendant tout l'été, et principalement au mois de Juillet. Le Jusquiame est près du troisième degré des choses réfrigératives, les deux autres espèces sont venimeuses.

E 4

Les vertus, selon Dioscoride.

On tire le suc de la graine de Jusquiame lors-qu'elle est tendre, des feuilles et tiges; et pour ce faire, on broye toutes ses tiges, et fait au soleil le suc qui est épreint. Ce suc ne passe pas un an; car il est aisément corrompu. Quand le suc est incorporé avec farine ou griotte séche, il profite contre les inflammations des yeux, des pieds et des autres parties. Elle est bonne pour les podagres, pour testicules enflés, pour les mamelles qui jettent, soudain que les femmes ont fait leur fruit, l'appliquant broyée avec vin. Le jusquiame qui a la graine noire, rend l'homme forcené et endormi. Celui qui a la graine moyennement jaune, s'approche de la faculté du précédent. On doit fuir ces deux espèces de jusquiame comme inutiles et venimeuses. Mais celui qui a la graine et fleur blanche, est propice à la médecine.

Selon Pline, le jusquiame a puissance contre la morsure des chiens, et la mettant dans la plaie avec miel. On le donne broyé avec les feuilles à boire en vin, spécialement contre la morsure des aspics.

Son suc porte médecine à ceux qui crachent le sang.

Le parfum de jusquiame est bon pour ceux qui ont la toux.

De la grande Eclaire.

LA grande Eclaire se trouve ès lieux ombrageux et parmi les vieilles murailles; la grande Eclaire jete sa fleur a l'avéuement des Hyrondelles, et

Forme de la grande Eclaire.

par après elle
fleurit tout le
printems et
tout l'été, au-
quel tems aussi
on la cueille.
Cette herbe est
du troisième
ordre complet
échauffant et
desséchant.

Selon Dios-
coride le suc
mêlé avec miel
et cuit dans un
vaisseau d'ai-
rain profite à l'é-
blouissement
des yeux. La
racine bue avec
anis et vin
blanc, porte médecine au mal caduc; appliqué avec
vin guérit les ulcères qui vont en rompant, mais
appaise les douleurs des dents: La grande Eclaire
est d'une faculté ostersive et fort chaude. Son suc
est propice pour aiguiser la vue à ceux principalement qui ont quelque matière grasse dans la
prunelle, qui a besoin d'être résolue. On use aussi
du Luca, par les Ecoliers il s'appèle Cilidonia
par raison d'icelle. Elle est subtile aux tayes,
qui surviennent aux yeux des bêtes à quatre
pieds.

E 5

De l'Annagalis ou Maurum.

On marche par-tout des-sus, aux champs et par les vi-gnes, et n'est rien de si commun de quoi l'on fasse moins de cas. Il y a mâle et femelle, qui ne diffèrent en aucune chose sauf en couleur de fleur.

Le mâle porte fleur de couleur incarnate, et la femelle de couleur d'azur : Annagalis mâle et femelle ont nature chaude et sèche, iceux ont puissance détersive, de nettoyer ; car les femmes qui ont mauvaises et pâles couleurs, usent du suc de ladite herbe pour se nettoyer, farder et éclaircir la peau du visage. Selon Galien, les deux espèces d'Annagalis, tant celle, qui a la fleur incarnate, que l'autre à la fleur azurée, ont merveilleuse vertu détersive. Aussi elles ont quelque chaleur attrac-tive, tellement qu'elles peuvent tirer les aiguillons

cachés dedans le corps, et le suc purge le nez pour
même raison : et pour dire tout en bref, elles
ont vertu de dessécher, sans faire aucunement
cuire, sans mordification ni douleur : Parquoi
elles sont bonnes pour sonder les plaies récentes,
pour mitiger et nettoyer les vieilles. Le suc d'i-
celle éclaircit l'éblouissement des yeux avec du
miel, en en oignant les yeux; guérit le sang meurtri par coups ou heurtement, et avec miel atti-
que remédie à la malle-taye. Aussi est profitable
aux yeux des chevaux, jumens et autres bêtes
cavalines.

Eupatoire ou Aigremoine.

Eupatoire ou Aigrimoine est une herbe branchue, ayant ou quelquefois deux tiges comme bois, menues, droites, noirâtres, bossues, longues d'une coudée, ou plus ; les feuilles semblables au chanvre, ou de quintefeuilles par intervalle, ou cinq uo plus, dentelées à l'environ, et sa semence sort du milieu de la tige, tirant contre bas, bossue, tant que quand elle est fraîche, s'attache aux habillemens.

Elle vient aux lieux montueux, par tous endroits champêtres, près des haies. On la cueille en été, alors elle est abondante en fleurs. l'Eupatoire est de parties subtiles, et si a faculté d'inciser et nettoyer sans manifester chaleur, pareil-

ment elle a quelque atriction médiocre : Ses
feuilles broyées et bien écrasées puis avec du
vieux oing de porc appliquées en forme de cataplasme, guérissent et consolident les ulcères qui
viennent mal-aise à ci catrices; la semence de
l'herbe bue en vin, aide les dissentiriques, douleur
de foie et morsures de serpens ouvre les collations
et obstructions de foie, le corrobore.

De l'Euphraise ou Luminette.

CEst une herbe peti de la longueur d'une palme, semblable à l'hysope, ayant petites branchettes, tirant sur la couleur de pourpre les feuilles petites, sciées et dentelées à l'environ, fleurons blanchâtres: ce qui n'empêche à Hormolaus, homme de grand savoir, de dire dans son Livre troisième de son Corolaire, chapitre 18. qu'elle a les fleurs jaunes, car il a seulement égard à la partie des flancs qui apparoissent manifestement jaunes. Certainement si on considère attentivement et de près les fleurs de l'Euphraise, tu connoîtras qu'elles ne sont du tout jaunes, ni aussi du toutes blanches, car elles sont tachetées et marquées de trois couleurs, rouge, blanc et noir.

Mais à raison que la meilleure et plus grande partie des fleurs est blanche; il est arrivé que tous ceux qui ont point et décrit cette herbe, lui ont donné fleurs blanches. Elle croit aux montagnes, exposées à l'abri, presque en tout pays. Elle sort en grande abondance à l'entrée de l'automne. Les facultés particulières enseignent suffisamment qu'elle est chaude et sèche.

On en use contre les obscurités et éblouissemens de la vue, ou seule appliquée, ou cuite en vin. On en use pareillement contre fussuçons. Outre ce, elle éclaircit la vue, conforte merveilleusement la mémoire, et la répare quand elle est perdue, si on la boit en vin blanc avant que de la réduire en poudre.

De la Mante et de ses vertus.

IL y a en général deux espèces de Mante; car l'une est cultivée ès jardins, l'autre sauvage: la première Mante cultivée a la tige carrée, quelque peu rouge depuis la la racine; les feuilles presque rondes, dentelées, molles et odoriférantes, fleurons rouges couronnant les nœuds comme par intervales, et tire en rondeur en façon d'un pezon.

L'autre est en tout semblable à la première, hors qu'au sommet de la tige elle a les fleurs rouges,

Forme de la Mante.

tres qui se tournent en
forme d'épi. Les Mantes
cultivées viennent aux
jardins par tout, elles
aiment l'abri et lieux
battus du soleil, non
gras et fumés, et crois-
sent plutôt en lieux
humides.

La Mante sauvage
aime lieux moites et
humides, et vient-vo-
lontiers auprès des
ruisseaux. Toutes Man-
tes fleurissent au mois
d'août, l'une et l'autre,
tant la cultivée que la
sauvage; la cultivée est
âpre au goût et chaude
en vertu, du tiers rang
des médicamens sim-
ples qui échauffent; mais celle de jardin est plus
foible et échauffe moins, et sèche seulement au
second degré; Car le labeur et culture apporte
quelqu'humidité; la Mante cultivée a faculté
d'échauffer, restreindre et sécher. Pourquoi le
jus d'icelle bû avec vinaigre étanche le sang. Il
tue les vers, rompt et provoque l'appétit charnel.
Deux ou trois surgeons d'icelle bue avec le jus
d'une grenade, appaise les hoquets et gros vomis-
semens. Elle digère et mûrit les abcès enduite
avec farine d'orge frite. Elle appaise les douleurs

douleurs de tête, appliquée sur le front. Elle adoucit les douleurs de mamelles par trop enflées de lait. On l'applique avec le sel sur les morsures de chiens, son jus avec eau miellée sert aux douleurs des oreilles.

Appliquée sur le ventre des femmes devant que de coucher avec leurs maris, empêche qu'elles ne conçoivent; la langue par trop âpre et sèche frottée d'icelle retourne à sa naturelle disposition; les feuilles d'icelle jetées dedans le lait le font cailler et tourner en fromage. Bref, il est utile à l'estomac, et en sauces et assaisonnemens, donne vertu singulière; la sauvage est de pire usage en santé que la cultivée. Arcius ajoute, que la décoction d'icelle bue par trois jours suivans guérit la colique parfaitement. Syriation en a avec Amylon plusieurs fois guéri ceux qui de coutume sont incommodés du mal de ventre. Elle guérit merveilleusement les ulcères qui surviennent en la tête des petits enfans; le jus pris un peu devant que de venir au combat de dispute, ou pour parlementer, aide et soulage grandement la voix. On en gargarise avec lait, rhue et coriande, contre les enflures et inflammations de la luette.

Elle arrête, comme démontre Demétrius, le hoquet et vomissement avec jus de grenade. Le jus d'icelle tout fraîchement épreint et tiré par le nez, corrige les vices et incommodités des narines.

La Mante appaise les frelons et fluxions de sang par dedans, si âpres qu'elle est broyée on la boit avec du vinaigre; elle guérit la maladie dite Ileos, qui est quand on jette la fièvre par la bouche, appliquée sur le ventre avec racine d'orge frite. Elle guérit aussi les mamelles enflées et par trop remplies de lait. On l'enduit sur les tempes contre l'ennui de la tête; elle est un singulier remède aux morsures des chiens enragés, broyée premièrement avec du sel, puis appliquée dessus. Elle allége parfaitement les femmes qui sont en travail d'enfant, bue avec vin.

Des Lupins.

LE Lupin a une seule tige, la feuille partie en cinq ou sept. La fleur blanche, gousses desquelles sont cinq ou six grains durs larges, et la racine jaune et de plusieurs filandres et cheveux partie fraîche. Il aime terre maigre, graveleuse et rouge. Il ne sort en terre graveleuse et limoneuse, et craint d'être cultivé. Il fleurit trois fois, premièrement au mois de mai, puis en juin, troisièmement en juillet. Après chacune fleur porte gousses. Son amertume insigne montre évidemment qu'il est chaud et sec, la feuille de Lupins préparée avec miel chasse les vers hors du corps.

Les Lupins aussi trempés et mangés étant en-

core amers en font autant La décoction d'iceux
bouillie avec poivre et rhue, prise en breuvage,
est profitable à la ratelle. Elle consomme les strumes et rompt les carbons, cuite en vinaigre, et
appliquée dessus.

Les Lupins cuits en eau de pluie jusqu'à ce
qu'ils se fondent en jus, nettoyent et mondi-
fient la face. Si on lave les brebis rogneuses de la
décoction d'iceux tiede encore cuite avec la racine
de Calament noir, ils les guérissent.

Leurs racines cuites en eau, puis en boire,
provoquent les urines. On donne le jus d'iceux
bouilli avec poivre et rhue, excepté qu'il y ait fievre, pour chasser les vers hors du corps; mais
c'est principalement à ceux qui encore n'ont atteint trente ans; et aux petits enfans, il suffit
de les leur appliquer sur le ventre à jeun. La farine
d'iceux paitrie en vinaigre, puis appliquée sur le
corps l'étuvant, arrête de même les rognes et
vessies; elle séche les ulcères appliquée seule. La
décoction d'iceux cuits en huile, guérit la rogne
de toutes bêtes à quatre pieds, l'une et l'autre
liqueur, puis mêlée ensemble.

Quand on les brûle, la fumée tue tous les
vers volans.

De la Fumeterre.

LA Fumeterre est nommée en latin : *Fumaria,*
chez les Apothicaires, Fimeterre. Elle est nommée des Latins *Fumaria*, parce que le jus d'icelle
mis dedans les yeux, est mordicant, et les fait
pleurer tout ainsi que la fumée.

Elle est branchue, semblable à la Coriande.

Forme du Fumeterre.

extrêmement tendre et délicate. Ses feuilles sont blanchâtres, tirant à la couleur de cendre, copieuse et en fort grand nombre de tous côtés, la fleur pourprée.

Elle croit dans les orges, jardins, vignes, haies, masures et autres lieux non cultivés : on l'amasse à la fin du mois de mai et de septembre. La Fumeterre semble être chaude au second degré, ce qu'on peut connoitre au goût; car elle est âpre et amère, selon Dioscoride.

Le suc de cette herbe fait pleurer, dont il a pris le nom d'icelui; avec de la gomme, oignant les paupières des yeux il empêche le double poil de l'une et l'autre de revenir. L'herbe mâchée fait sortir la colère par l'urine : Selon Galien, la Fumeterre est de qualité âpre, ensemble et amère, et n'est du tout dégarnie d'acerbité ou abstriction, pour cette cause elle purge la colère par l'urine et guérit les obstructions et débilités du foie. Le suc ou jus d'icelle aiguise la vivacité de la vue, faisant abondamment larmoyer les yeux tout ainsi que la fumée, car pour celui a été donné le nom. Quelques personnes du menu peuple vouloient user de ladite herbe, pour conforter et corroborer son estomac, et ensemble pour se lâcher le ventre, qu'ills prennent l'herbe après l'avoir fait sécher, la serrer bien soigneusement, puis quand on en voudra user pour lâcher le ventre, en prendre avec de l'hydromel, et pour renforcer l'estomac, avec du vin bien trempé.

L'Ortie morte.

L'Ortie morte est nommée de Pline au douzième livre de l'Histoire naturelle, ch. 15. et au 22. livre, chap. 4. *Verlica mors et mortua.*

Quelques-uns l'appellent Ortie blanche et Angélique ; elle est du tout inconnue ès boutiques; on la nomme Ortie morte, parce que les feuilles ne piquent comme celles des autres, elle a les feuilles à l'Ortie piquante, plus petites, crenelées par les bords, plus blanches, dentelées par les bords, plus blanches, la barbe chenue, et qui ne pique point; la tige carrée, la fleur blanche ou purpurine. La racine par intervalle, est de très-

forte odeur, elle ne fait aucun mal et ne pique
point. Elle porte sa semence noire en ses tiges par
intervalle en abondance, l'Ortie morte vient par-
tout auprès des haies et chemins. Elle fleurit au
mois de Mai, et retient ses fleurs presque tout l'été.
L'Ortie morte, comme les autres espèces d'ortie,
est chaude et sèche, ce qui se peut connoître tant
par le goût que par ses vertus et facultés; l'Ortie
morte broyée avec du sel est médicinale contre
contusions, brûlures, écrouelles, tumeurs podagres
et plaies. Elle a au milieu des feuilles quelque
blanc qui est bon contre érésipelle et feu sacré.
Quelques-uns des nôtres disent que les espèces
de cette ortie diffèrent selon les saisons de l'année,
et dit-on, que si on met la racine de cette ortie,
moyennant qu'elle soit automnale, sur le bras
de celui qui a la fièvre tierce, pourvu qu'en la
cueillant on nomme le malade par son nom, et
qu'on dise à quoi, et à qui, et pour quelle fin on
l'arrache, qu'il perdra entièrement la fièvre. Autant
en peut ladite racine, comme ils disent, contre la
fièvre quarte.

Item. Quelle tire hors toutes choses fichées
dedans le corps, si on la broye avec un peu de
sel. Outre plus, que si on pile et incorpore les
feuilles avec Exungé, et qu'on l'applique sur les
écrouelles, qu'elles font resoudre, ou qu'elles
attirent en suppuration, elle seront mondifiées et
cicatrisées. Les modernes usent de ces orties pour
étancher le sang fluant impétueusement du nez,
en l'appliquant et liant sur le collet ou entre les
deux épaules, disant que par ce moyen le sang se
détourne d'autre coôté, ils disent aussi qu'elle profite merveilleusement aux ulcères, pourritures et

fistules. Lamium est vulgairement appelée Ortie blanche, pour raison de la fleur.

Du Tenaise ou Armoise, dite Herbe de saint Jean.

LA Penaise croit ès rives des eaux, et autour des fossés des vignes. Il la faut cueillir lorsque le raisin se mûrit, car alors elle abonde en fleur, elle, échauffe et moyennement desseche, chaude, au second degré; et quant à la siccité entre le premier et le second.

Espargotte ou Matricaire à la même qualité, selon Dioscoride, elles échauffent et dessechent. Elles sont bonnes bouillies pour faire parfum en selle, pour provoquer les menstrues et la fécondité, dont est enveloppé l'enfant au ventre de la mère, elles tirent aussi dehors le fruit mort.

Si quelqu'un ayant mal d'estomac, pile Armoise ou mince feuille avec huile d'amandes, et fasse

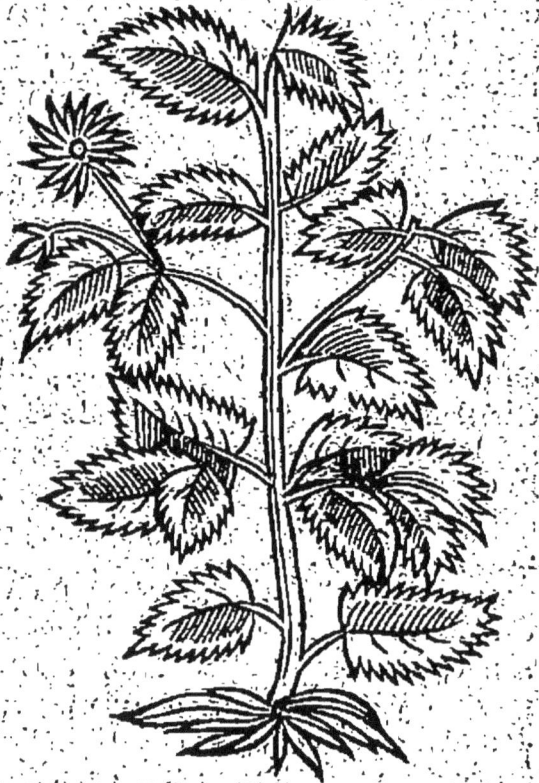

comme un emplâtre, et le mettre sur l'estomac, il guérira.

Senblablement si quelqu'un a des douleurs de nerfs, et qu'il les oigne de suc d'icelle, mêlé avec huile rosat, il sera guéri selon Galien.

Les Armoises sont nommément bonnes pour rompre les pierres des reins, et pour fermenter la matière; l'on dit aussi que ceux qui l'ont sur eux ne peuvent être en dommages ni de poisons, ni de médicamens venimeux, ni de bêtes, ni même du soleil. On le boit avec vin contre l'opium.

On la tient avoir une vertu singulière liée et portée sur quelqu'un ou bue, contre les grenouilles.

On tient aussi que les voyageurs l'ayant portée sur eux ne se sentent lassés aucunement. Outre les susdites vertus on connoît par expérience, que les fleurs de l'espèce d'Armoise nommée Tanaise, donnée aux enfans en breuvage de vin ou de lait, ont vertu merveilleuse de jeter les vers hors du ventre, et parce est comme nous avons dit ci-devant, appelée des Allemands, mort aux vers.

De la Mauve et de ses vertus.

LA Mauve cultivée vient aux Jardins y étant semée la sauvage croît és lieux non cultivés, et principalement quand ils sont gras et humides La Mauve des jardins fleurit principalement en Juillet et Août; la sauvage basse durant tout l'été, et la plus grande en Automne. La grande Mauve qui vient en forme d'arbre est abondante aux mois de juin et juillet. La Mauve sauvage a des facultés quelque peu digérantes et légèrement ramollissantes. Mais celle de jardin d'autant qu'elle a

Forme de la Mauve.

plus d'humidité a-
queuse, d'autant est-
elle de la faculté im-
bécile et moins ver-
tueuse; son fruit est
plus vertueux et sec.

Entre la laitue,
bille ou reparet et
Mauve y a différence
entre elles, les sau-
vages sont plus se-
ches, et les cultivées
plus humides. Avec
jus de Mauve se
trouve quelques
choses gluantes mê-
lées, lesquelles ne se
trouvent point en la
laitue.

La Mauve ne rafrai-
chit pas évidemment,
ce que connoîtras devant que de la prendre, si de
ladite Mauve et de la laitue chacune à part comme
on a accoutumé de faire, tu composes un cataplax-
me contre quelque apostume chaude, en pilant
diligemment les plus molles feuilles. Alors connoîtras que la laitue manifestement rafraichit
la partie dolente. Mais la Mauve ne la rafraichit
que bien peu, et qu'elle retiendra toujours quelque chaleur tiède.

La Mauve passe aisément par le ventre, non-
seulement pour ce qu'elle est humide, mais parce
qu'elle

qu'elle est gluante. Si tu veux conférer le suc de ces trois herbes l'une à l'autre, tu trouveras que celui de la Bette est plus subtil et détersif. Celui de la Mauve est plus épais et glutineux, et celui de la laitue tient le milieu des deux. Toutes ces choses raconte Galien au second Livre de la faculté des alimens. Selon Dioscoride, la Mauve des jardins est beaucoup plus âpre et meilleure à manger que n'est la sauvage. Elle nuit à l'estomac, mais elle fait bon ventre, finalement ses tiges qui sont bonnes et utiles aux boyaux et à la vessie. Les feuilles crues, mâchées avec un peu de sel et miel, et puis enduites, guérissent les fistules lachrimales, qui viennent entre le coin de l'œil et le nez, que les Grecs appellent *Ængilopes*. Mais si c'est pour enduire cicatrices, il en faut user sans sel. Elle profite contre les piqûres de mouches à miel et mouches guêpes, étant enduite et appliquée. Et qui se froteroit de Mauve, rhue et bien pilée avec huile, devant que de rencontrer lesdites mouches, il n'en seroit point piqué, icelle aussi pilée avec urine, appliquée, guérit la teigne et les lèpres, selon Pline. La principale vertu de la Mauve est contre toutes les piqûres de bêtes vénimeuses.

Principalement des scorpions, mouches, guêpes, souris, araignées, et autres semblables. Qui plus est ceux qui se seroient frottés de quelque espèce de Mauve qu'ils voudront qui soit broyée auparavant avec huile, et ceux qui la tiendront sur eux ne seront jamais frappés desdites bêtes. La feuille mise sur un scorpion l'étourdit. Elles sont bonnes contre tous venins; icelles susdites crues, ou bues avec vinaigre ou Anet, tirent hors tous aiguillons ou épines. F

On dit plusieurs autres choses merveilleuses desdites Mauves, et mêmement, que si quelqu'un s'accoutume de boire tous les jours une demi-carène de quelque espèce de Mauve laquelle il voudra choisir, qu'il sera exempt de la maladie. Elles guérissent la teigne et ulcères puants ; la racine cuite rend les dents brillantes et fait tomber les fentes des cheveux : La racine est bonne contre les accidens des mamelles, si on la met dessus avec laine noire.

Icelle cuite en lait, prise comme potage, l'espace de cinq jours, fait perdre la toux. Sextus Niger, dit que les Mauves sont inutiles à l'estomac. Olympias de Thèbes disoit aussi qu'elles faisoient avorter si on les appliquoit avec graisse d'Oye. Aucuns ont écrit que les femmes se peuvent purger aisément en prenant plein leurs mains de Mauves, et les mangeant avec huile en vin. C'est chose véritable et expérimentée, que si on met des feuilles de Mauve sous une femme qui est en travail d'enfant, elle en sera plutôt délivrée, mais cela fait, il les faut incontinent ôter, afin qu'elles ne fassent sortir la matrice. D'autres en donnent à boire à jeun seulement le jus des feuilles cuites en vin aux femmes qui sont en mal d'enfant.

De plus, à celles qui ne peuvent retenir la semence de génération, il subvient aux bras, la semence de Mauve auparavant bien pilée. Elles sont tentées pour le déduit vénérien, que la semence de celle qui n'a qu'une tige mêlée en poudre, et épendue sur le lieu secret des femmes leur augmente infiniment le désir du charnel déduit, comme Xénocrate a laissé par écrit, puis qu'elle profite aux maladies du fondement, si d'elle on l'étuve. On donne du jus de Mauve tiéde aux mélancoliques, jusqu'à la quantité de trois cyathes : aux fous et enragés jusqu'à quatre, et à ceux qui tombent du haut-mal, la quantité d'une hémine. On applique aussi, non sans profit, les feuilles de Mauve cuites en huile sur feux sacrés, et crues, pilées avec du pain, contre l'impétueuse et véhémente douleur de plaies.

Le jus d'icelle cuit, rend les conduits de l'urine doux et bien coulans. On dit aussi que la décoction d'icelle bue, brise les pierres en la vessie et fait dormir. La Mauve a cela de propre et de particulier, que si on l'applique sur morsures et piqûres de mouches à miel ou guêpues, elle appaise soudain les douleurs.

De la Chicorée sauvage.

LA Chicorée sauvage ou andive, croît aux champs par les chemins, elle jette feuilles crenelées, qui sont presque toujours couchées sur la terre, garnie de fortes branches et si lâches et si tendues, que l'on en pourroit faire des liens. La fleur bleue, par fois blanche qui sort d'icelle jusqu'au tems d'automne, et s'ouvre à soleil levant; parois qu'il soit chargé d'images, et avec lui se vironne au Ponant, se resserre toujours la nuit, et s'ouvre de jour : de ses vertus nous en parlerons, et après aux médicamens.

De la Joubarbe.

LA Joubarbe croît ès pays des montagnes et sur les maisons des villages : elle fleurit aux mois de Mai et Juin. Elle dessèche un peu et refrigère

Forme de la Joubarbe.

bien fort, car elle est refrigérative au tiers degré. Contre arsure de fu ou d'eau, il te convient prendre jus de Joubarbe, et le mêler avec huile de noix, cire neuve, et faire bouillir ensemble en les remuant, puis ôte-les du feu et les laisse refroidir pendant deux jours, puis mets-les dessus l'arsure, et elle sera guérie.

De la Patience ou Parelle.

LA Parelle a les feuilles dures et pointues par le bout, graines herbues et pointues, pendant à certaines petites queues, la racine longue, jaune ou safranée; elle vient ordinairement en lieux marécageux, près des fosses; l'herbe a semblable faculté que Vinette, on en fait des eaux bonnes pour faire plusieurs médicament; ainsi que tu verras aux remèdes des maladies.

F

Ozeille, Vinette ou Salette.

LA Vinette
croît en abon-
dance parmi
les prés. Elle
a les feuilles
semblables à
la Parelle sau-
vage basse, et
contre la tige
n'est pas trop
grande; elle
peut avoir
une coudée
et demie de
haut, la graine
pointue,
rouge velue
comme d'une
feuille aigret-
te au goût,
et naît ladite
graine en la
tige et en ses
petites branches.

La Camomille ou Charmette.

IL se trouve trois espèces de Camomille, étant
seulement différentes en fleurs, lesquelles quoiqu'elles soient au dedans de couleur jaune doré,
si est-ce que les unes à l'entour de leur rond et
circuit des feuilles, les unes blanches, les autres
roussines, et les autres purpurines.

Forme de la Camomille ou Charmette.

Celle qui a par dehors et circuit de la fleur, des feuilles blanches, est celle précisément que Dioscoride appelle Lucantier, vulgairement dite Camomille.

Selon Galien, la Camomille est de vertu pénétrante et subtile, pourquoi elle digère, désépaissit, resout et lâche. Pour ce que la Camomille en subtilité de parties, est semblable à la Rose; mais quand à la chaleur, elle approche aux facultés de l'huile, qui sont à l'homme familières et tempérées.

Pour ce elle est merveilleusement propre, et autant que toute autre chose pour délasser, pour mitiger et appaiser les douleurs. Plus, elle relache les choses tendues et enflées, amollit les duretés, elle ouvre par sa vertu pénétrante et dissipe les choses constipées, et liquide les choses condensées et épaisses.

En outre dissout les fièvres qui viennent sans inflammations d'intestins, et principalement celles

F 3

qui viennent d'humeurs chaleurs et coleriques,
et celles qui consistent en la dureté et épaisseur
du cœur. A cette occasion les rois d'Egypte l'ont
consacrée au soleil, l'estimant singulier remede
contre toutes fievres, quoiqu'en cela ils manquent
parce qu'elle peut seulement guerir celles qui ne
sont pas celles qui sont desja cuites. Et près que d'elle
guerit celle là elle aide aussi fort bien aux autres qui
sont melancoliques ou pituiteuses et flegmatiques
ou procedent de l'inflammation de boyaux.

De la Abrotan

Elle est ap-
pellée en Latin
Auricula mu-
ris ou *Myo-*
sota, d'autant
qu'elle a la
petite oreille
se delectant à
manger de cette
herbe.
Les Oiseleurs
en donnent à
manger au
petit chillier
en cage quand
il est pardu
l'appetit. Elle
est appellée
vulgairement en
Grec ... parce
qu'elle aime
les forets et
ombrages ...

quels sont nommés en Latin *Auriculamoris*, pour
avoir les feuilles semblables aux oreilles des petites
souris. La vertu d'icelle a puissance de refrigerer,
on en oint les yeux avec certaine pâte faite de
farine d'orge et de fromage, contre les enflamma-
tions; le suc profite pour la douleur des oreilles,
étant distillé dedans brievement, a puissance de
faire tout ce que peut l'heliotrope.

De la Bourrache.

ON la nomme
en Latin (*Juglo-
sum bacalas
joba bovis lin-
gua*,) qui est à
dire, langue de
bœuf, les her-
boristes et aux
boutiques des
apothicaires,
bourraches.
Mais il y a autre
herbe qui s'ap-
pelle Buglose,
comme nous
démontrerons
en son lieu.
La Bourrache
est semblable
au bouillon
blanc, ayant la
feuille inclinée
en terre, âpre,

plus noire, non dissemblable à la langue d'un
bœuf, la fleur percée, belle et plaisante : laquelle
description convient tellement à cette herbe, qui
est aujourd'hui appellée en notre langue Bourrache, qu'il n'y a homme s'il n'est plus aveugle
qu'une taupe, qui ne voie que c'est la Bourrache
des anciens; mais qui désire plus d'argumens,
qu'il lise ce que nous avons produit au premier
Livre de nos Paradoxes, au chap. 31. Je pense
que ci-après il n'en doutera.

On tient que la feuille de Bourrache jetée dans
la vin réjouit l'esprit; l'on dit que celle qui a jeté
trois tiges, broyées toutes avec les racines et la
fleur prise en breuvage, vaut contre les fièvres
tierces, et celle qui en a quatre, contre la fièvre
quarte; mais que la décoction soit faite en vin,
ils disent aussi que l'herbe profite aux abcès.

On croit que la bourrache jetée dans le vin
est cause de liesse et gaieté; mais aussi convient-
elle à ceux qui ont l'âpreté de la gorge causée de
catarres et toux, cuite en eau miellée; la Bourrache provoque les urines et appaise la soif; les
tiges d'icelles mangées, cuites ou crues, sont
bonnes aux passions et maladies de foie, on en
fait sirop pour les voyageurs, qui est très-utile.

Du Cerfeuil.

LE Cerfeuil se nomme en Latin *Gengendium*,
et ès boutiques des Apothicaires *Cherfolium*.

Or il est nommé *Cherfolium*, la voix Grecque
et Latine entreliant et joignant à une, pour autant
qu'il est abondant en feuilles; mais afin que le
voisinage des noms n'engendre quelque confusion

Forme du Cerfeuil.

et que la similitude des appellations n'en impose à un Lecteur peu expert. Il faut entendre que le Cerfeuil des Officine est autre que le Cerfeuil de Pline.

Il est bon à manger comme herbe plantée aux Jardins pour manger, soit-il crud ou cuit, on le mange aussi court et gardé en sel. Il est utile à l'estoma ; il fait curuer le dérom-pait ; la décoction d'icelui bue en vin est propre et convenable à la vessie : les Modernes attribuent la faculté déjà recitée à leur *Cherfolium* ; car ils écrivent qu'il est très-bon à l'estomac ; et à provoquer lefleurs aux femmes, cuit en vin : ensorte que d'icelle appert de rechef qu'il n'est autre ou divers Guinguida des Anciens.

Sauge Franche.

LA Sauge est de
deux espéces nom-
mées des Latins et
des Apothicaires,
Salvia. Or d'autant
que cette herbe est
haute, elle semble
être sans suc et sans
humeur, il est arrivé
qu'elle a été dite des
Grecs *Elisphaon*,
qu'elle est séche et
étique, et comme
mêlée, avachie de sé-
cheresse, les dictions
s'entrefaillantes et joi-
gnantes en un mot,
ou bien plutôt en un
mal aux plantes, et
plantes, et quand à
l'été par la chaleur violente et brûlante des jours
caniculaires, elle séche languissante et s'avachissant
l'humeur naturelle dont elles sont nourries défail-
lant en elles, les Latins appellent ce mal *Sidé-
rations*, quand par chaleur excesaive les plantes
périssent de sécheresse; mais elle est des Latins
dite *Salvis*, parce qu'elle est salutaire à quantité
de choses et principalement à rendre les femmes
fécondes, croît en lieux pierreux, rudes et
raboteux.

Selon Dioscoride, la décoction des feuilles et
rinseaux

risseaux font uriner, provoquent les fleurs menstruelles et fait sortir l'enfant de la matrice. Elle noircit les cheveux ; l'herbe est utile aux plaies et étanche le sang ; la décoction des feuilles ou arbrisseaux avec vin, appaise la démangeaison ; des parties honteuses, si on les en lave. Agrippa l'a appelée herbe sacrée ; laquelle est bonne à manger aux femmes enceintes, si elles sont lâches et coulantes.

Car elle retient ce qui est conçu et le fait vivre. Et si la femme boit un demi septier, c'est-à-dire, dix onces du suc d'icelle avec un peu de sel, quatre jours après n'avoir eu affaire à son mari, et puis qu'elle y ait affaire, assurément elle concevra. On dit qu'en certaine partie de l'Egypte, les femmes sont forcées après grande pestilence de boire souvent du jus d'icelle pour procréer et produire enfans en abondance. Donnez, dit Orphéus, deux cyates de suc de sauge à boire à jeûn à ceux qui crachent le sang, et soudain sera étanché. On la boit avec absinthe contre les dissenteries.

Campanette.

CAmpanette est nommée en Latin, *Helcime Campello* et *Convolvus*, le commun des Herbiers et apothicaires l'appellent *Volubilis media* et *vileolitis* : les François, *Compognet Lizer*, ou *Vetealilis*.

Or elle est bien et duement nommée *Oissampilos* ; car elle vient principalement aux Vignes et a la feuille de Lizer ; elle est dite *convolvus*, parce qu'elle embrasse et s'entortille autour des plantes et abrisseaux prochains. Le jus de ses feuilles,

G

pris en breuvage, a faculté de purger le ventre à
ceux qui en on besoin.

De la Laitue.

LA Laitue en Latin,
appelée *Lacteo*. Les
apothicaires ont retenu
le mot Latin. Elle est
dite *Lacton*, parce
qu'elle est pleine de
lait, qu'on tire tout
doucement, lâche le
ventre ; et pour ce,
les anciens en usoient
à l'entrée de Table,
ce que Marcias même
témoigne par ces vers.
Prima dabitur veneri,
Lectuca mononde uti-
les,

C'est-à-dire, on te
donnera la laitue au
commencement du
repas, propre et utile
à lâcher le ventre.

La vertu de la laitue cultivée est propre et convenable à l'estomac, elle refrigere, elle endort,
elle amollit le ventre, elle fait venir force lait aux
femmes ; quand elle est bouillie, elle nourrit plus,
et est bonne à ceux qui sont débiles d'estomac,
mangée sans laver; la semence d'icelle bue, aide
grandement à ceux qui en dormant songent à paillardise, et éteint les assauts et appetits charnels;
mais les laitues offusquent la vue si on continue

d'en manger; on les confits et les gande en sau-
mure, dite *muria*; quand elles sont montées en tiges, elles acquerrent vertu semblable au jus ou
lait de la laitue sauvage.

Et en tout semblable au Pavot dont aucun l'ont
mêlé avec jus ou liqueur d'icelle; prise en breuvage au poids de deux oboles, avec eau et
vinaigre, évacue par le ventre les superfluités
acqueuses; et dégage le mal brouillard des yeux;
elle guérit les brûlures appliquée dessus avec lait
de femme; brefelle le endort et enlève les douleurs,
les piqûres de scorpions, morsures de Phalangues:
la semence de laitue sauvage empêche ni plus ni
moins que celle de la cultivée.

De l'Espurge.

L'Espurge, on la cueille en Automne, lors-
qu'elle est pleine de graines, laquelle il faut
ôter de la menue écorce, en laquelle elle est ren-
fermée, jusqu'à ce que ladite écorce soit du tout
sèche Six ou sept grains mis en pilules, ou mangés, ou autrement dégoutis avec figues, dattes,
purge le ventre en buvant incontinent après de
l'eau froide, ils évacuent le flegme, colère et
humeurs acqueuses: Le jus pris et accoutré comme
celui de tithimale, a même vertu. On met quelquefois en potage des feuilles d'Espurge.

Du Romarin.

LE Romarin se cueille au mois de Mai et de
la mi-Septembre, il fleurit deux fois l'année,
savoir au Printemps et en Automne. Il échauffe,
il guérit la jaunisse le faisant bouillir en eau, et

Forme du Romarin.

puis en donner à boire
au malade, auparavant
qu'il prenne aucun
exercice; après lequel
faut qu'il se baigne et
boive du vin : on le
mêle avec médicamens
propres à ôter lassitude
avec huile.

La décoction *Libo-*
noris, de laquelle on
use à couronne et cha-
peaux, et que les
Latins appellent *Roma-*
rina prise en breuvage
guérit la jaunisse.

Toutes espèces de
linoris participant de
vertu abstersive et in-
cisive. Les Modernes
disent que le parfum
de Romarin arrête les catarres et appaise la toux.
Ce qui est en lui très-excellent, c'est qu'il garde
de pestilence la maison en laquelle on le brûlera,
d'autant que par son odeur et fumée il en chasse
le mauvais air, ajoutant ainsi plusieurs autres
facultés et vertus, à savoir, qu'il conforte le
cerveau et les sens intérieurs, la mémoire et le
cœur qu'il donne allégeance à tremblement, ré-
voltation ou paralysie des membres : il fait revenir
la parole, et peu beaucoup d'autres choses qu'il
n'est pas besoin plus amplement de déclarer.

Du Persil et de ses vertus.

LE Persil sort au mois de Mai les lieux où il croît sont presque tout blancs de fleurs d'iceluis, la racine de cette herbe bue, donne secours aux morsures de phalanges, elle purge le flux menstruel et fait sortir la récondine. On la donne bien cuite et broyée dedans les bouillons et en potages, pour humer aux exmaigris et étiques, non sans profit. On dit plus, qu'en buvant d'icelle deux ou trois fois le jour avec du vin, au temps de peste, elle préserve ceux qui en boivent, de ladite maladie.

Des Epinards.

LES épinards se sèment au mois de Septembre, ne craignant les froidures de l'Hiver, afin de servir pour viande au Printemps; on les sème aussi au mois de Mars, ils portent graines et fleurs sur les mois de Juin et Juillet. Les épinards sont du premier ordre des choses qui refrigèrent et humectent, mollifient le ventre, nourrissent mieux que font les arroches : mais alors ils sortent si sément pour ne s'attacher au ventre, ils causent des ventosités; incitent à vomir, si l'humeur des excrémens n'est jetée dehors. Le jus de la décoction des épinards lave le ventre; il n'est pas utile à l'estomac, et dit-on qu'ils se sont usurpés toutes les vertus de l'arroche.

La vertu de l'herbe à la Reine, assez connue en tous lieux.

CEtte herbe est appelée Nicotiane, à cause de la première connoissance qu'en donna en ce Royaume Maître Jean Nicot, Conseiller du Roi, Ambassadeur de sa Majesté au Royaume de Portugal, aux années 1559, 60 et 61. Aucuns l'appellent herbe à la Reine, mais seulement pour l'envoi fait d'icelle par ledit Sieur Nicot à la Reine-Mère, d'autres l'appellent Petun mâle, qui est vrai nom propre usité par ceux du pays, d'où elle a pris son origine; elle ressemble à la grande consolde, ayant la tige fort droite, ne déclinant çà ni là, grosse, velue et visqueuse, les feuilles larges, et douces, filandrées, non découpées, plus gradnes près de la racine que du haut. Sa fleur est semblable à celle de Nielle, de couleur blanchâtre et incardadine, ayant la forme d'une petite clochette sortant d'une écosse, en forme de gobelet, laquelle écosse devient ronde, si-tôt que la fleur est passée. Elle est remplie de graines fort menues, noires lors de leur maturité, vertes, quand elles ne sont encore mûres, en même temps, dès neuf ou dixième mois de l'an; ses feuilles et racines rendent un jus gluant et résineux, tirant sur le jaune, requiert un terre grasse et non pays froid, étant bien mêlée de fient, ombrageuse, ayant le soleil du midi, et au dos quelque muraille contre la bise, elle hait le froid. Il la faut semer à la mi-Avril, ou au commencement selon le printemps, en faisant un trou de la longueur

du doigt en terre , et y jeter dix ou douze grains
de ladite graine ensemble, et recouvrir le trou;
car n'en mettant que trois ou quatre, la terre la
suffoqueroit : si le temps est sec, faut arroser
l'égerement le lieu quinze jours après. Elle est
long-temps à naître, étant née, la faut garder
du froid et de la gelée : l'herbe levée, parce que
chacun grain aura sa tige, et sont envelopés les
filets de sa racine les uns aux autres, faut enlever
lesdites racines avec leur monceau de terre en
rond, et les jeter dans un seau d'eau; afin de
séparer la terre d'avec les tiges, et icelles étant
à Mont beau, les prendre séparément sans
rompre, envelopper chacun à part soit avec la
terre-mere, puis les transplanter à quatre pieds
l'un de l'autre au dos de ladite muraille, en mul-
tipliant la terre, si d'elle-même elle n'est pas assez
bonne.

Quant à sa vertu, elle est chaude au second degré,
et séche au premier; par conséquent, selon l'expérience, elle guérit le col, mitige toutes vieilles
plaies et ulcères de jambes, chancres, blessures
de ferrement et autres, des écrouelles, contusions,
appostumes, piqûres de vive, rougeurs de visage;
les feuilles sont merveilleuses, que les racines
soient vertes ou en hiver séches, ou à leur défaut
la semence : La feuille verte amortie sur le feu
et mise par plusieurs fois sur la tête, bras, jambes,
appaise la douleur froide et venteuse.

Guérit la douleur sciatique, le lieu frotté premièrement d'huile d'olive; ôte par semblable le
poison de quelque bale ou dard, mise sur la plaie;
les plaies de quelque partie du corps, tant soient-
elles vieilles, seront guéries, si on les lave de vin

G 4

blanc ou urine, puis les essuyer avec un linge, et incontinent y mettez le jus de deux feuilles sèches et par-dessus charpie, continuant jusqu'à guérison. La décoction des feuilles cuites en sucre ou sirop, prise au matin deux ou trois onces, appaise la difficulté d'uriner, la toux, cholique, et douleur d'estomac. Le Jus de l'herbe mis sur un carbon soit-il pestilent, le guérit soudain. Il fait le semblable aux vieils ulcères, mange la pourriture et fait revenir la chair. Ce même remède peut servir à la morsure de chien enragé, moyennant qu'on en use un quart d'heure. Les feuilles sèches de la Nicotiane, brûlées sur un réchaud, la fumée d'icelle reçu par la bouche avec un entonnoir garantit et guérit d'hydropisie, d'évanouissement, ainsi que les astmatiques; reçue des parties honteuses, guérit le mal de l'amatri ou sustocations de lormes. Les feuilles ou leur jus avec le marc appliqué guérit toutes foulures de bêtes, ôte les poireaux et principalement avec un cornet, l'éfigie duquel voyez à côté de l'herbe appaise la faim et soif, sans qu'elle enivre aucunement, chose approuvée par les Mariniers.

Les Indiens ayant pris feuilles de ladite Nicotiane avec du vin, le tout bu ensemble, après l'opération d'icelle usent de divination. L'eau distilée en alembic de verre est non moins singulière que le jus d'icelle, étant versée sur les plaies et engelures, mulles aux talons, avec le linge y trempé. Faut pour sécher les feuilles les enfiler ensemble, puis les faut mettre en une chambre au plancher, à l'ombre, et non au Soleil, au vent ni au feu.

F I N.

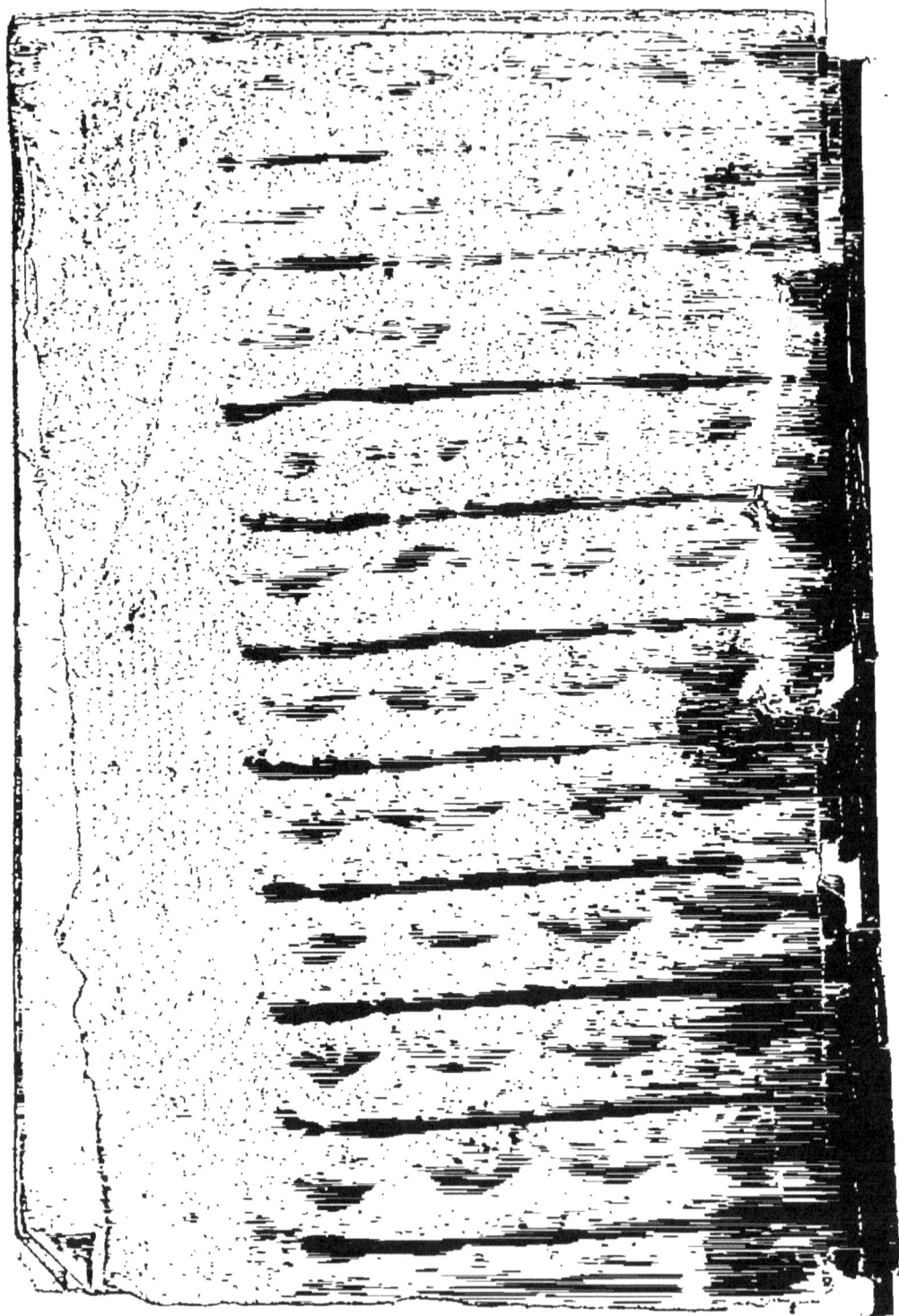

www.ingramcontent.com/pod-product-compliance
Lightning Source LLC
Chambersburg PA
CBHW071201200326
41519CB00018B/5316